園藝原理

范念慈

學歷／美國夏威夷大學進修

經歷／國立中興大學園藝系教授

三民書局

國家圖書館出版品預行編目資料

園藝原理／范念慈著. －－修訂二版五刷. －－臺北市: 三民, 2012
面； 公分

ISBN 978-957-14-2123-0 (平裝)

1. 園藝

435 83004443

© 園藝原理

著作人	范念慈
發行人	劉振強
著作財產權人	三民書局股份有限公司
發行所	三民書局股份有限公司 地址 臺北市復興北路386號 電話 (02)25006600 郵撥帳號 0009998-5
門市部	(復北店) 臺北市復興北路386號 (重南店) 臺北市重慶南路一段61號
出版日期	初版一刷 1994年8月 修訂二版一刷 1998年8月 修訂二版五刷 2012年8月
編號	S 430032

行政院新聞局登記證局版臺業字第〇二〇〇號

ISBN 978-957-14-2123-0 (平裝)

http://www.sanmin.com.tw 三民網路書店

園藝原理　目次

第三章　生長及自然環境

第四章　生理作用

第五章　植物營養

第六章　園藝植物之繁殖

第十章　植物生長調節劑之應用

第十一章　特殊栽培法

第十二章　灌溉及排水

第十三章　植物保護

第十四章　園產品處理及加工

第十五章　造園與景觀

第一章　緒論

圖 1-1　多彩多姿的園藝產品

第一節　園藝與園藝學

一、園藝

園藝是農業的一部分。從字義上來看，園藝是指在圍籬設施保護情形下，從事園藝作物灌漑及除草等工作的栽培管理作業。一般園藝作物栽培的經營規模較小，並且採用集約栽培性農業經營方式，也就是說，在單位面積土地內，投以較多資本、勞力及技術，謀求獲得較高經濟價值產品或利潤的事業。

二、園藝學

園藝學係指研究園藝作物種類品種、生長環境、繁殖、開花結果、園產品處理加工、環境美化等的一種應用科學。

園藝學實際上包括五部分：㈠果樹，㈡蔬菜，㈢花卉，㈣造園，㈤園產品處理加工。

第二節　園藝重要性

園藝起源甚早，它與人類歷史有密切的關係。園藝亦爲文明的象徵，園藝愈發達，顯示文明愈進步。在人類生存慾望中，它與僅追求食飽衣暖的層次有所不同。因爲人類爲了維繫生命和改善生活，除需要完善營養外，尙需要美好的環境，藉以啓發智慧，調劑身心，培養心理上的怡然情趣，使人類向上追求進步。由於科學發達，文明日漸進步，針對人類生活的合理需求，園藝的確可以提高人類生存的價值，値得鼓勵和追求。例如在繁華忙碌的都市生活中，人們常利用假期或週末前往鄉村或風景名勝旅遊。而居室庭園環境的美化，都市公園的建設，國家公園的開闢，休閒農場的興建及果蔬的栽培改良等等，都在滿足人類這一方面的要求，因此園藝與人類生活關係非常密切。

園藝的重要性，可從下列三點看出：

一、果蔬與國民營養

我們日常所攝取的食物養分除水分外，尚有蛋白質、脂肪、澱粉、無機鹽類及維生素等五種，水果及蔬菜則爲無機鹽類及維生素主要來源。 由於需要量增加， 近年來世界上水果生產量有逐漸增加的現象

表 1-1　近年來世界五大果樹生產情形　　單位：1000 公噸

果樹種類	1979～1981	1992	1993	1994
柑橘類	56290	74866	85848	85290
香蕉類	61033	78477	80293	81328
葡萄類	66007	62424	56989	56392
蘋果類	34362	44600	47453	48890
芒果類	13996	17479	18337	18450

資料來源：聯合國糧農組織生產年報

（表 1-1）。在美國，食品消耗中約有 40%來自園產品。

果蔬的功用有下列幾種：

㈠富於滋養：蔬果中除含有豐富的無機鹽類（如鈣、鉀、鈉、鎂等）可以保健身體外，尙含有維生素 A（如番茄、胡蘿蔔、芒果、枇杷等），維生素 B（如草莓、蘋果、辣椒及豌豆莢等），維生素 C（如柑桔類、番石榴、碗豆及菠菜等），維生素 D（如紅黃色水果及綠色蔬菜等），維生素 E（如萵苣及甘藍等），在人類身體保健上不可缺少。

㈡幫助消化：蔬果中的酵素及有機酸可以分解食品，幫助胃腸的吸收消化，纖維可促使食物磨碎，促進排泄作用及減少體內毒素的形成和累積。

㈢促進食慾：如葱、蒜、辣椒、芫荽及羅勒等具有開胃，促進食慾及精神興奮等功效。

㈣保健：如蘋果可補給鐵分，柑橘可治壞血病，薑能驅風發汗，蒜可促進血液循環，並有強化肝臟功能，蘆筍可減少罹患心臟病等。人類血液或體液有保持微鹼性必要，若爲酸性則易引起機能上障害，如胃酸過多、血壓高、動脈硬化、心臟病及神經痛等，使人類活動力衰弱。在食品中米、麥、蛋、肉等爲生理酸性食品，而水果蔬菜、牛奶及茶等則爲生理鹼性食品，有中和體液酸性功能，因此人類有常食果蔬的必要。

二、在環境衛生及修身養性上的效益

每日工作之餘，親自在庭園操作，對身心健康很有幫助。

綠色植物環境常有下列效果：㈠淨化空氣。由於光合作用放出氧氣，有助空氣維持新鮮。㈡減少煙砂塵埃及噪音。枝葉有吸附灰塵微粒的功能。㈢調節大氣濕度及氣溫。㈣可鬆解吾人情緒。因此人們嚮往大自然享受森林浴效益。

綠色是一種「平安」及「幽靜」的色彩，有利於生理及心理上的健康，因爲在綠色環境下可引起「心平氣和」、「寧靜自然」及「與世無爭」的感覺，可以怡情養性，引發人們愛護自然的情操，具有教育意味，和啓發高尚理想及轉風易俗的效果，減少激動鬧事及罪惡事端發生，並能養成勤勞習慣。在大都市中設立植物園、動物園及博物館以供認識及愛護自然環境，或在公園內建立雕像及紀念碑等都具有潛移默化之功能。

三、園產品是重要的貿易資源

在自由經濟貿易下，農產運銷在國際貿易上佔有極重要的地位，對世界的經濟發展具有重大的貢獻，而園產品的貿易往來，是其中重要的一環。

園藝事業不但能促進資源、產業的開發，提高農民收入，繁榮農村經濟，還能幫助國家賺取外滙。

第三節　園藝特徵

一般園藝經營面積較小，經營方式爲集約性，經濟價值較高，況且園產品多爲人們所喜好，加上科學技術的應用，因此園藝已被人類所重視。它具有下列三項特徵：

一、園藝爲一藝術

造園之優美景觀需要運用藝術之技巧及原則，這種技巧常由經驗、知識及觀察而來，在原則上如顏色調和、大小形式對稱（圖 1-2）、重覆、漸次、韻律及均衡等應用，在景觀上能產生一種藝術表現。

設計一座高級庭園需要一種想像力，例如在高大建築物前鋪上綠草，能使房屋有安全的感覺，亦可使建築物顯得雅緻。而在屋基選擇適當的灌木種植，往往有調和建築物硬線條的效用。

另外盆景養成、栽植方式及挿花等亦是一種園藝藝術表現。

圖1-2　歐洲式庭園之對稱表現

二、園藝爲一科學

現代園藝與一些基礎科學如植物學、化學、遺傳學、物理學、數學、植物病理學、土壤學及昆蟲學等有密切關係 (圖 1-3)，園藝基本

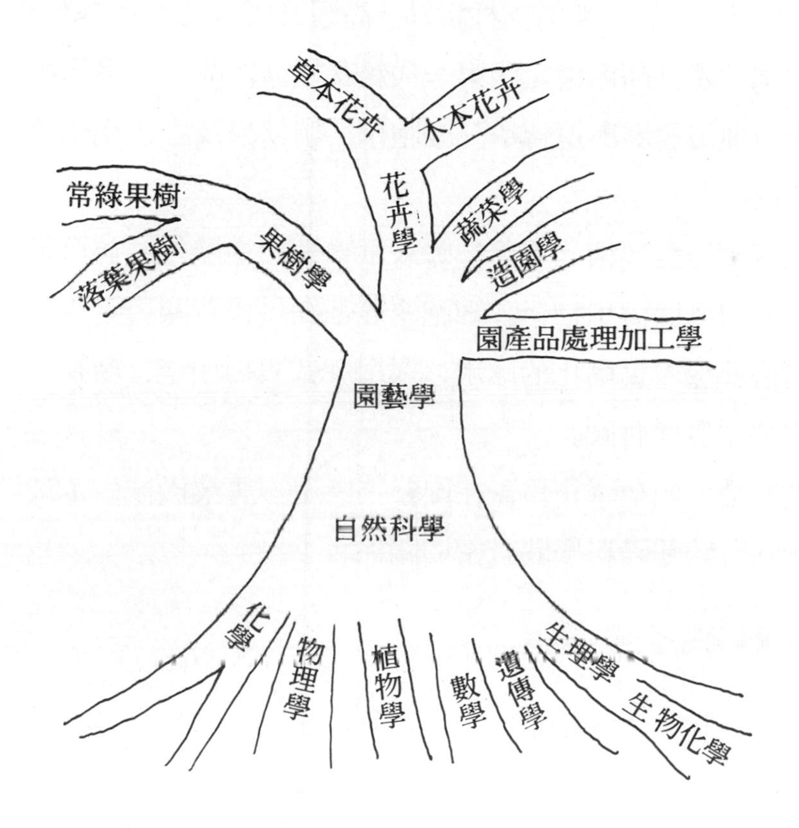

圖 1-3　園藝學與一些基礎科學關係

原則雖不改變，但在研究發展上，常應用這些理論科學，產生有效成果。例如：

㈠植物生長調節劑在園藝作物上的運用：如 2，4-D 除作殺草劑外，採用低濃度溶液有助荔枝著果功能。indolebutyric acid (IBA) 促進插穗生根，gibberellic acid (GA) 促使無子葡萄形成及果實肥

大，naphthalene acetic acid（NAA）可作蘋果及桃等果樹疏果劑，maleic hydrazide（MH）可抑制馬鈴薯塊莖發芽等，運用發展與有機化學、植物生理學及生物化學等基礎科學發展有關。

㈡優良品種的育成：例如早生種洋葱、耐熱性黃金白菜、晚抽苔菠菜、少外葉甘藍、無需支柱番茄、高觀賞價值花卉及具有植株強健、結果力強及產量高而穩定的第一代雜交種（F_1品種）等均可由育種技術而來，運用發展與遺傳學、細胞學、植物學及生物化學等基礎科學發展有關。

㈢組織培養技術的運用：除大量繁殖植物體外，並可獲得無病毒苗木，運用發展與生物學、細胞學等基礎科學有關。

㈣園藝機械自動化的應用：運用發展與物理學、植物學及土壤學等基礎科學發展有關。

㈤其他：如塑膠布覆蓋在園藝上應用、農業機械省工栽培應用等均與一些有關基礎科學間有密切關係。

三、園藝爲一企業

由於國民生活水準提高，園產品如水果、蔬菜及花卉等在農產品中比率增大，加上近年來運輸、冷藏及資訊事業發達，園藝事業早已企業化，如在超級或生鮮市場常可見到蔬果精美小包裝化，作爲販賣及貯藏用，就是企業經營的產品。

園藝可作爲專門性企業，如荷蘭花卉種球事業，美國切花事業，本省永靖鄉種苗事業，埔里鎮切花事業（圖 1-4），中部草莓園，荔枝及柑桔園，高冷地帶夏季蔬菜園等皆爲著名專門性企業，但此種專門性企業除需要充分學識及經驗外，尙需科學管理及企業經營技術，才能有成功的希望。

圖 1-4　火鶴花作切花銷售用

園藝亦可作爲副業，在農業中除經營主要作物外，可利用剩餘時間、土地及勞力從事園藝事業發展。園藝作物多具有形矮、根淺、生育期短、種類多及適應性大等特性，受氣候及土地限制少，並能作機動性農業生產，在勞力上婦女及小孩老年人亦可參與園藝事業，在資金上易收入和流動，並能發揮土地利用，具有改善生活及增加農民收入的效果。

習 題

一、爲何園藝是一種集約性農業經營方式?

二、一般園藝學包括那幾部分?

三、爲何園藝是文明的表徵?

四、試列舉十種吾人在每天食物中, 含有較多無機鹽類及維生素之水果或蔬菜。

五、爲何人類在每天食品中需要水果及蔬菜?

六、試列舉綠色植物改善環境的功能。

七、園藝爲何是一種企業? 試舉例說明之。

第二章　園藝植物分類

園藝植物種類很多，在形態構造、生長習性、環境及用途上不一，爲在栽培及應用上方便，將園藝植物大致分爲果樹、蔬菜及觀賞植物等三大類，另外一些藥用、香料用及工業原料用植物亦包括在園藝植物以內。

第一節　果樹分類

一、依果樹生長習性予以分類

㈠木本類

1. 喬木類

⑴落葉果樹類：梨，蘋果，桃，李，栗等

⑵常綠果樹類：柑橘類，芒果，荔枝，枇杷等

2. 灌木類：咖啡，石榴等

3. 蔓性類：葡萄，獼猴桃，百香果等

㈡草本類：香蕉，鳳梨，洛神葵等

二、依果樹氣候適應性予以分類

㈠熱帶果樹類：香蕉，鳳梨，可可，可可椰子等

㈡亞熱帶果樹類：柑橘類，荔枝，龍眼，澳洲胡桃等
㈢溫帶果樹類：蘋果，梨，櫻桃，水蜜桃等

三、依果實形態構造不同予以分類

㈠仁果類：蘋果，梨，枇杷等
㈡擬仁果類：柑桔類，柿等
㈢核果類：桃，李，梅，芒果，荔枝等
㈣漿果類：葡萄，醋栗，香蕉，鳳梨等
㈤堅果類：胡桃，栗，澳洲胡桃，銀杏，杏仁等
㈥雜果類：楊梅，石榴，桑椹，鳳果等

四、依植物分類學方法予以分類

㈠裸子植物果樹類：銀杏，松等
㈡被子植物果樹類
1.雙子葉果樹類：梨，番石榴，芒果等
2.單子葉果樹類：香蕉，鳳梨等

第二節 蔬菜分類

一般依蔬菜食用部位不同予以分類：

一、根菜類

㈠直根類：蘿蔔，胡蘿蔔，牛蒡，蕪菁等
㈡塊根類：甘藷，豆薯，山藥等

二、莖菜類

㈠地下莖類

1.球莖類：荸薺，慈菇，芋等

2.塊莖類：馬鈴薯等

3.鱗莖類：蒜頭，洋葱，葱頭，百合等

4.根莖類：蓮藕，薑等

㈡地上莖類或嫩莖類：蘆筍，茭白筍，竹筍及球莖甘藍（圖2-1）等

圖2-1　球莖甘藍——十字花科

三、葉菜類

㈠煮食類：白菜，菠菜，茼蒿，莧菜等

㈡生食類：結球萵苣，洋芹菜，櫻桃蘿蔔等

㈢香辛類：葱，蒜，芫荽，羅勒，香椿等

四、花菜類

㈠花蕾類：花椰菜，青花菜等

㈡花苔類：韭菜苔，油菜苔，蒜苔等

㈢花冠類：金針菜（圖 2-2）等

圖 2-2　金針菜——百合科

五、果菜類

㈠莢果類：豌豆，菜豆，毛豆，落花生等

㈡茄果類：番茄，茄子，辣椒等

㈢瓜果類：胡瓜，扁蒲，西瓜，稜角絲瓜（圖 2-3）等

㈣雜果類：黃秋葵，甜玉米，向日葵，菱，草莓等

圖 2-3　稜角絲瓜——葫蘆科

六、食用菌類

芽菜類等

第三節 觀賞植物分類

觀賞植物較多，生長習性及用途等均不一，一般在栽培應用上有不同分類方法。

一、依觀賞植物生長習性予以分類

㈠草本花卉類

1. 一二年生花卉類

⑴秋播：金盞花，石竹，花菱草，飛燕草，虞美人，金魚草等

⑵春播：鳳仙花，松葉牡丹，百日草，千日紅，雁來紅等

2. 多年生花卉類：非洲菊，蘭花，萬年青，鳶尾，菊，芍藥等

3. 球根花卉類

⑴鱗莖類：水仙，鬱金香，百合等

⑵球莖類：唐菖蒲，小蒼蘭，番紅花等

⑶塊莖類：大岩桐，彩葉芋，球根海棠等

⑷塊根類：大麗菊，芍藥等

⑸根莖類：薑花，美人蕉，鳶尾等

㈡木本花卉類

1. 喬木類

⑴常綠性：白玉蘭，龍柏，大王椰子等

⑵落葉性：鳳凰木，大葉合歡，欖仁等

2. 灌木類

⑴常綠性：茶花，仙丹，茉莉花，長穗鐵莧（圖 2-4）等

⑵落葉性：紫薇，珍珠梅，楡葉梅等

3.藤本類

⑴常綠性：南美紫茉莉，軟枝黃蟬（圖 2-5），金銀花等

⑵落葉性：爬牆虎，紫藤，龍吐珠（圖 2-6）等

圖 2-4　長穗鐵莧——大戟科

圖 2-5　軟枝黃蟬——夾竹桃科

圖 2-6　龍吐珠——馬鞭草科

二、依觀賞植物用途予以分類

㈠庭園用：紅仙丹，龍柏，蘇鐵（圖 2-7）等

㈡花壇用：法國莧，花菱草，滿天星等

㈢行道樹用：大王椰子，樟，鳳凰木等

㈣綠籬用：扶桑，月橘，南美紫茉莉等

㈤切花用：唐菖蒲，香石竹，玫瑰等

㈥草皮用：朝鮮草，竹節草，狗牙根等

㈦盆栽用：榕樹，榆，樺等

圖 2-7　蘇鐵——蘇鐵科

三、依觀賞植物觀賞部位予以分類

㈠觀葉類：變葉木，彩葉芋（圖 2-8），粗肋草等

㈡觀莖類：仙人掌，葫蘆竹（圖 2-9），酒瓶椰子（圖 2-10）等

㈢觀花類：三色堇，火鶴花，菊花等

㈣觀果類：五彩椒，倒地鈴，金柑類等

圖 2-8 彩葉芋——天南星科

圖 2-9　葫蘆竹——禾本科

圖 2-10　酒瓶椰子——棕櫚科

四、依觀賞植物耐寒性強弱予以分類

(一)耐寒性花卉：櫻花，梅花，水仙等

(二)半耐寒性花卉：金魚草，香石竹，矢車菊等

(三)不耐寒性花卉：半支蓮，虞美人，熱帶性植物等

五、依觀賞植物樹冠形狀不同予以分類

(一)尖塔形：龍柏，銀樺，肖楠等

(二)圓錐形：大葉桉，白千層，楓樹等

(三)圓頭形：鳳凰木，火焰木，榕樹等

(四)下垂形：垂柳，垂樺，軟枝楊桃等

六、依植物分類學方法予以分類

(一)蕨類植物：球蕨，鐵線蕨，山蘇花等

(二)裸子植物：蘇鐵，羅漢松，竹柏等

(三)被子植物

1. 雙子葉植物：凌霄花（圖2-11），朝鮮薊（圖2-12）及瓜子草（圖2-13）等
2. 單子葉植物：赫蕉（圖2-14），海芋（圖2-15）及蘭花等

圖 2-11　凌霄花——紫葳科

圖 2-12　朝鮮薊——菊科

圖 2-13　瓜子草——蘿藦科

圖 2-14　赫蕉——旅人蕉科

圖 2-15　海芋——天南星科

習　題

一、試區別仁果類與核果類果實不同點。

二、試區別球莖類與鱗莖類地下莖在形態構造上的不同。

三、試區別喬木類及灌木類花卉在形態的不同。

四、試以觀賞植物用途予以分類，並各列舉觀賞植物名稱。

五、試列舉校園內秋播及春播花卉各三種，並寫出所屬科名。

六、試列舉園藝植物分類法優劣點。

實　習

Ⅰ、題目：園藝植物之認識及分類

Ⅱ、材料：校園內園藝植物植株及種子或幻燈片

Ⅲ、用具：×10 放大鏡，幻燈機及投影機，銀幕等

Ⅳ、方法：

1.選取校園內或常見園藝植物（包括果樹、蔬菜及觀賞植物等）植株及種子各 30 種(實物或幻燈片)，仔細觀察其植物特性(包括根、莖、葉、花、果實及種子之特徵)。

2.將你看到的園藝植物作表並加以記載，記載項目包括中名、科名、原產地及用途（果樹、蔬菜、觀賞植物、藥用植物或香料植物)。

第三章　生長及自然環境

園藝植物生長與自然環境有密切關係，舉凡種子發芽、枝葉生長、開花結果等均直接或間接受影響，在自然環境中以溫度、日光、水分、空氣及土壤最爲重要。

第一節　溫度

溫度對園藝作物可以產生不同效應，熱能可藉着輻射、傳導、對流及反射作用轉移，許多物理及化學過程受溫度所支配，如溶解性、化學反應速度、酵素穩定性及各種植物生理功能速率等。

一般植物生長溫度在 4.5～36°C範圍，適宜生長溫度依植物種類及發育期不同而異，大部分植物所需夜間溫度較白天溫度爲低些。過低溫度會引起植物低溫障害，尤以熱帶原產作物爲然，如果溫度低至水冰點以下時，會因冰晶形成而引起細胞機械傷害。由於植物組織不同，耐寒能力亦有差異，如桃花芽較葉芽耐寒力爲低。植物細胞內可溶性碳水化合物積聚量多或含水量較低時，耐寒能力較強些。過高溫度對植物亦有傷害，由於高溫引起蒸散作用旺盛，如果所失去水分多於所吸收水分時，會引起細胞乾燥。如果氣溫高至 46～54°C情況下，可造成蛋白質凝固。再者，溫度升高而使植物呼吸率大於光合率時，亦會造成所貯存的養分耗盡。

如何增加植物在低溫逆境下的生存能力，是值得植物栽培者研究的問題。在作物生育末期，宜抑制水分及氮肥用量，目的在抑制新梢生長而強化作物抗寒能力。防止果樹結果過多，得以在樹體內貯存較多碳水化合物，達到增強樹勢及減少寒害的效果。

霜是在冰點溫度時，被覆在土壤及植物上的冰結晶體，一般發生在晴朗無風的低溫夜晚，在山谷地由於積聚冷空氣也易形成霜。此種逆溫可採用風扇將地面冷空氣與上方暖空氣攪合，以阻止地面霜害發生。霜害有秋霜及春霜兩種，在亞熱帶地區以春霜影響作物生產爲大。防止霜害的方法有三種：(一)避開霜期：如延遲種植期，選擇適當地點或方位，選用晚花或抗霜栽培品種等。(二)加熱措施：採用田間加熱器、白天田間灌水、噴灑灌溉及人工風扇等。(三)減少熱散失：採用熱帽、塑膠隧道及冷框等方法。

第二節　日光

太陽輻射至地面有兩種狀態，一爲電相，一爲磁相，以每秒鐘 30 萬公里速度直射輸送至地面；我們所能看見的光線只是連續性電磁光譜頻率範圍中的一小部分。當輻射能進入地球大氣中時，經臭氧吸收而過濾許多傷害性短波（高能紫外線)，大氣中水汽亦能吸收輻射能。大氣如同一層玻璃，可以透過太陽短波，但是不能透過地面輻射長波（紅外線)，大氣中紅外線被水汽吸收後，使大氣溫度升高，稱爲溫室效應，因此白天多雲時，我們覺得較晴朗天氣時爲悶熱些。

植物種子發芽時，雖然可以從貯藏器官（子葉、塊莖）獲得養分供給，如果缺乏光線時，便會出現莖葉黃化及徒長現象，此種由於缺乏光線在形態上的變化，稱爲白化。因爲葉綠素須依賴光線形成，園藝作物軟化栽培技術中如白蘆筍、竹筍及韮黃之育成均來自此原理。一些花青素形成亦需要光線（圖 3-1），如紫色蘋果或水蜜桃在套袋後行浴光措施，目的在使果皮著色良好。

圖 3-1　字體乃是經過遮光後形成

植物對光線反應有光合作用、屈光性及光期性三種（參見第十章第一節），依據各種不同波長對某一種色素光化反應而定。光度及光質對植物影響依據季節、緯度及氣候狀況不同而異，例如在高緯度夏季由於光能豐富，可以生產巨大形馬鈴薯及白菜。在室外田間採用栽植距離、適當樹形及修剪方法等栽培技術以增進光利用效率。在人工調節光期方面，如果利用延長日長或暗期中斷方法，可以促進長日性植物開花或延遲短日性植物開花效果。遮蔭處理常用在苗圃作業中，不但可以減少光度及溫度，亦可降低水分需要。近年來所用的塑膠網室，以不同網孔大小調整通過的光量,以適應耐陰植物生長及繁殖床需要。

第三節 水分

水分是細胞構成要素，細胞內含水量多少視植物組織器官不同而異，例如在多肉汁果實中含水量高達95%。水分是細胞內溶劑，在植物內傳送營養，水分亦可維持細胞膨壓，因此在植物生長上甚爲重要。植物需水量依植物種類不同而異,其中水分除一小部分用在碳固定外,大部分水分隨蒸散作用而損失。水分損失率視溫度高低、相對濕度高低及風速大小而定。植物吸收的水分多來自土壤中，土壤內水分過多會造成積水或土壤內通氣不良現象，植物根部便會造成損害。

第四節 空氣

空氣成分中包含氮78%、氧21%、氬0.9%、二氧化碳0.03%，及水汽1～3%等，甚至含有一些微量之有機及無機化合物，例如由日光與燃燒物光化反應所產生的污染物。現今在土壤中的空氣及貯藏室內的空氣成分已被園藝家所注意。

一、氧

在通氣不良的土壤中常有含氧量低及二氧化碳高的現象，在此種情形下，便會阻礙根呼吸作用而使根生長活動遲鈍，降低水分及養分吸收功能，過量二氧化碳則會對根發生毒害反應。因此在土壤內水分過多時，排水工作是很重要的，因爲在排水不良環境下而土壤孔隙被過多水分所佔據時，便會相對的減少含氧量。例如扦插在通氣良好土壤內有利插穗生根，種子發芽亦需要氧氣，過多水分便會阻礙種子發芽。

二、二氧化碳

雖然二氧化碳在空氣中佔有非常小的部分，但它是植物所需碳的來源。在田間栽培的作物它可能不是限制因素，但在密閉栽培的溫室內，供給適量的二氧化碳能增加作物產量及增進品質。經過多年來測定大氣中二氧化碳含量，每年地球約有1.5 ppm的增加量，主要是由於汽油或煤炭燃燒而來。二氧化碳濃度增加，會阻止正常紅外線輻射，而改變大氣溫度及氣候。

三、氮

根瘤菌能固定大氣中的氮素，在傳統上，作物栽培者在田間輪作豆科植物，藉着固定大氣中氮素以增進土壤肥力。今日肥料工業利用化學固定法，從大氣中抽取氮與天然氣中氫組合成氨，再與二氧化碳組合成尿素：

$$CO_2 + 2\,NH_3 \rightarrow CO(NH_2)_2 + H_2O$$

或與硝酸產生硝酸銨：

$$NH_3 + HNO_3 \rightarrow NH_4NO_3$$

尿素及硝酸銨均爲現今重要氮素肥料。它與能源及天然氣成本有密切關係，況且氮是植物三大主要營養要素之一。

四、水氣

通常表示水氣的方法為相對濕度，即在某一溫度下，大氣中所能保持最大水氣的百分比數。當溫度下降時，相對濕度便增加，乾燥力便減少。當降雨時，就可供給水至土壤中，補償由蒸散作用或蒸發作用從植物或土壤中損失的水分。

五、空氣污染物

在都市化及工業化環境下，會帶來在大氣中各種有害物質造成空氣污染，在此情況下不但傷害人體健康，亦會影響植物族羣生存。空氣污染物包括一氧化碳、二氧化硫、碳氫化合物及微小灰塵粒子等，另外一些氣體化合物對植物會造成嚴重傷害，如氯化氫、乙烯、二氧化氮、氟化物、臭氧及硝酸過氧乙醯等。

第五節　土壤

無論自然或人工合成的土壤，對植物都有供給礦物質養分、水分及支持固定功能。園藝學家喜用合成土壤，採用一些非土壤成分如蛭石、珍珠石及有機物質調製配合而成，有時在合成土壤內亦含有土壤成分。

一、土壤來源

土壤由母岩風化分解而來，母岩主要有水成岩、火成岩及變質岩等三種，經過自然環境變化而形成崩積土或沖積土。一般將土壤剖面分為三層（圖 3-2）：

(一)淋溶層：此層一些溶解性物質易流失，亦會失去一些黏土、鐵及鋁化合物，但是根羣的分佈、細菌、眞菌、線蟲及一些小動物如蚯蚓等密度較高。

(二)澱積層：此層有生命物質較少，但是澱積以黏土、鐵及鋁化合物量較多，乾燥時硬化，潮溼時黏化。

(三)母質層：此層爲風化後母岩之碎粒。

由於在自然界的物理及化學作用，將母岩轉換成土壤的過程稱爲風化作用。其中化學作用變化有：

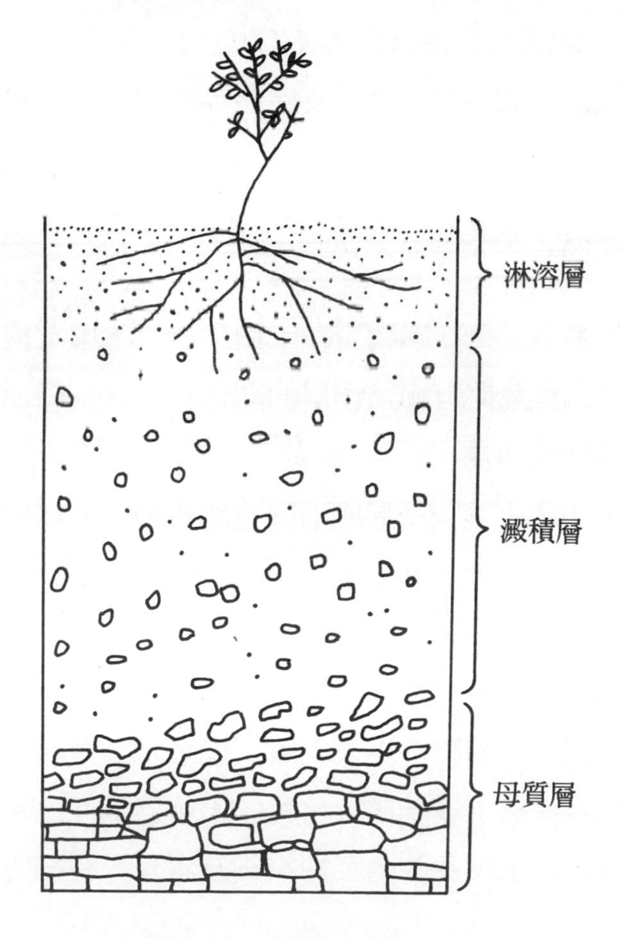

圖 3-2　土壤剖面圖

1.水解作用：

$$2\,KAlSi_3O_8 + H_2CO_3 + H_2O \rightarrow Al_2Si_2O_5(OH_4) + K_2CO_3 + 4\,SiO_2$$

2.碳酸化作用：

$$CaCO_3 + CO_2 + H_2O \rightarrow Ca(HCO_3)_2$$

3.氧化作用：

$$4\,FeS_2 + 10\,H_2O + 15\,O_2 \rightarrow 4\,FeO(OH) + 8\,H_2SO_4$$

4.水合作用：

$$CaSO_4 + 2H_2O \rightarrow CaSO_4 \cdot 2\,H_2O$$

一些環境因素例如溫度、降雨及地形等均能影響母岩風化作用的大小程度。

二、土壤體系

土壤體系包括無機礦物質、土壤生物、土壤有機質、土壤空氣及土壤水分等，彼此間有相互作用的關係。

(一)無機礦物質

不同大小的土壤粒子形成不同土壤質地，根據國際土壤粒子大小的分類標準：粗砂：0.2～2 mm，細砂：0.02～0.2 mm，坋土：0.002～0.02 mm，黏土：小於 0.002 mm。土壤質地可以影響儲水率及滲水率，例如砂土具有快速滲透作用，不能保留大量水分，相反的，黏土由於粒細，不易將水滲入底層，過多水分較難排去。土壤粒子排列成集團狀態稱爲土壤結構，它對於土壤通氣性、水分移動及根伸長有密切關係，在土壤孔隙內容納空氣及水分。有機質可以改善土壤質地。

土壤交換能力與土壤粒子大小成反比，細粒土積聚及保留陽離子能力較粗粒土爲大，黏土及腐殖質膠粒帶負電荷可以吸附氫、鈣及鉀等陽離子，當離子被交換出來時有利植物吸收，如果土壤粒子被氫離子飽和，則呈現強酸性土壤。在大量加入某一種陽離子情形下，可產生取代其他離子力量，此稱爲離子交換作用。土壤反應係指土壤酸鹼度，一般以 pH 來表示，以氫離子濃度倒數的負對數：$pH = -\log[H^+]$ 表示之。適當土壤 pH（6～7）對植物生長非常重要。在土壤不正常高 pH（9 以上）及低 pH（4 以下）值對植物根會發生毒害，亦會引起某些養分沉澱或變無效性使植物根不能吸收，例如某些植物生長在高 pH 土壤內發生黃化症，乃由於鐵化合物不溶解沉澱，植物吸收鐵困難而產生鐵缺乏症。

(二)土壤微生物

土壤有機質不但來自分解後的植物及動物組織，亦有從微生物本身而來，這些細菌、眞菌、昆蟲及蚯蚓等棲息在土壤中可構成龐大土壤有機體。除有害微生物外，另有些有益微生物，例如有些眞菌在土壤中與根發生共生現象，兩者交換有機及無機養分，例如菌根，水分及無機物可從眞菌移向植物根部，植物內碳水化合物及其他有機物則移往眞菌儲存或利用。又如會與豆科植物共生的根瘤菌，即屬細菌，可協助植物行固氮作用，而溶磷菌則有細菌或眞菌，可協助溶解土壤中的磷，供植物吸收、利用。

(三)土壤有機質

植物或動物材料經過土壤微生物酵素分解等生化過程，往往形成深褐色，非結晶狀及膠狀物質或腐殖質。少量腐殖質便會影響土壤構造及營養特性。栽植綠肥是土壤有機質來源之一（圖 3-3）。土壤中有機質最大貢獻在增加保水力及滲水作用，亦是無機養分來源。在黏土中加入適量有機質後，可以減少黏性而較易耕作。

圖 3-3　田菁——豆科植物，可充作綠肥，土壤中有機質來源之一

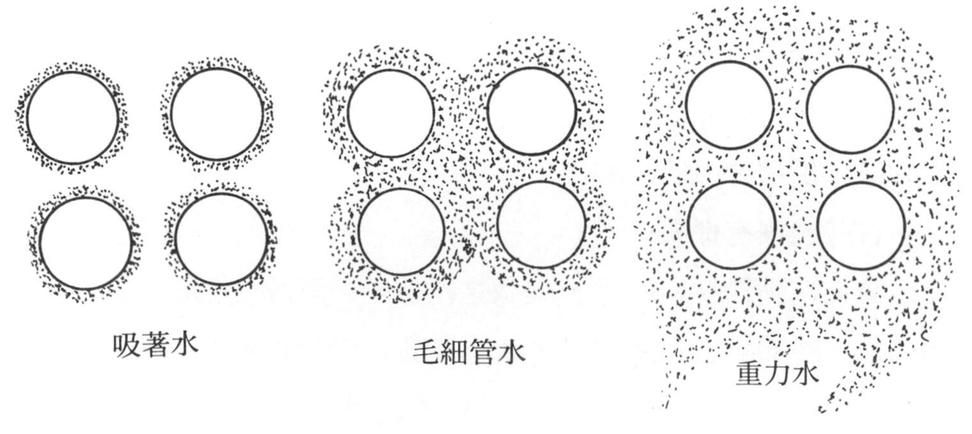

圖 3-4　土壤水分種類

(四)土壤空氣

空氣存在於未充滿水之土壤孔隙內，土壤空氣含量變化視土壤型態、有機質量及季節變化而定。土壤中氧氣供給根及微生物行呼吸作用，由於土壤內有機質分解及土層深度增加，土壤內二氧化碳濃度會較大氣中所含者爲高，而氧氣濃度則較大氣中爲少，且隨土層深度增加而遞減。

(五)土壤水分

土壤水分有三種：一爲附着在土壤粒子而不能移動之吸着水，一爲位在土壤粒子間而可移動之毛細管水，另一爲水分過多時，向下移動之重力水（圖 3-4），其中位在土壤孔隙內可利用的土壤水分是毛細管水，亦是土壤有效性水分，有效性水分介於田間容水量與永久凋萎點之間。一般良好的田間容水量約在 50～70%，超過田間容水量，有些作物就需要排水工作。

三、土壤保持

施肥可以增加土壤的養分，但是表土損失不易很快補償，風及水均會使土壤損失。土壤冲刷力受氣候、地形及土壤性質影響，尤在缺乏植物覆蓋的地區爲然。因此在土壤管理法中多採用植物被覆法，它可減低雨水打擊地面力，間接的增加土壤吸收力及土壤持水力。土壤覆蓋技術包括草生法、輪作法、栽植覆蓋作物法及物體覆蓋法。另外減低水分流失速度以控制土壤冲刷的方法有等高線栽培法、帶狀栽培法（圖 3-5）或平臺階段等種。在風大地區設置防風林，可減少風沙冲蝕現象。

圖 3-5 帶狀栽植法，可以減少土壤被沖刷

四、合成土壤及無土栽培介質

含有相當量非土壤成分之混合調製土壤稱爲合成土壤，常用在盆栽植物中。無機成分有砂、蛭石、珍珠石、煆燒土及浮石等，有機成分有泥炭土、水泥苔、水苔、植物副產品（稻殼、稻草、花生殼及蔗渣等）及廐肥等。

合成土壤配方有多種：例如在砂質土壤中可用土壤 1 份，泥炭土 1 份及珍珠石 1 份。黏質土壤中可用土壤 3 份，泥炭土 5 份，珍珠石 5 份。肥料施用量可在每立方公尺中施用硝酸鉀 0.15 Kg 或過磷酸鈣 1.47 Kg。由於植物種類需要情形不同，合成土壤配方亦有所差異。國內的「根基旺」是屬於一種無土栽培介質，係由泥炭苔、蛭石、珍珠石與雞糞以 4:4:2:1（體積比）所組成。

習　題

一、一般植物生長適宜溫度在何種範圍? 過高或過低溫度對植物生長可能發生何種影響?

二、通常在春季防止霜害有那些常用方法?

三、在種子發芽時缺少光線會發生何種現象?

四、在土壤內水分過多情形下，為何會對根發生不良影響?

五、列舉土壤對作物之功能。

六、何謂土壤體系? 對於植物生育有何關係?

七、何謂土壤 pH? 對作物生長有何關係?

八、列舉有機質在土壤中之功能。

九、試述在本省農用坡地常用的水土保持法。

十、何謂合成土壤? 試舉合成土壤適用配方一種。

第四章　生理作用

植物的生長與細胞數目及大小增加有密切關係，它起源自細胞分裂與原生質增加，在植物體內進行複雜生理作用。

第一節　光合作用及代謝作用

一、光合作用

在光線下，綠色植物葉綠體內將二氧化碳及水分轉換成糖類的過程稱爲光合作用。化學反應式如下：

$$12\,H_2O + 6\,CO_2 \xrightarrow[\text{葉綠素}]{\text{光能}} C_6H_{12}O_6 + 6\,O_2 + 6\,H_2O$$

由於光能將水分解爲氫及氧（光分解作用），釋放出氧分子，氫還原NADP(希爾反應，Hill Reaction)，ADP吸取光能後與無機磷形成ATP(光磷酸化作用)，綜合希爾反應及光磷酸化作用稱爲光合作用光反應。光合作用暗反應主要在ATP爲能源及$NADPH_2$協助下，最後轉變二氧化碳爲高能量碳水化合物。

光合作用效率與呼吸作用有密切關係，因此淨光合作用等於總光合作用量減去呼吸作用所消耗量，例如C_3型植物有光呼吸作用，C_4型植物光呼吸作用極低或幾近於零，而一般光呼吸率卻隨溫度升高而加速，因此許多 C_3 型植物在高溫環境下不易生長，然而一些 C_4 型植物如熱帶性草類卻在高溫下生長旺盛。

二、代謝作用

有機物質合成代謝（同化）及分解代謝（異化）合稱爲代謝作用，例如糖類或脂肪類分解及呼吸作用釋放能量均爲分解代謝作用。由代謝作用所產生的物質稱爲代謝物質，例如精油、色素及維生素等。

㈠碳水化合物：植物爲主要生產者，由一個碳原子、二個氫原子及一個氧原子比例組合成化合物。依其結構可分爲單醣類（例如葡萄糖，果糖等），雙醣類（如麥芽糖，蔗糖等），多醣類（如澱粉，纖維等）。澱粉在水中不分解，但在植物內，由於澱粉酶分解成可溶解性糖類。

㈡脂類：在植物內通常有三種：眞脂類(貯藏性食物材料)、磷脂類（結構性材料如細胞膜）及臘類（大多爲角質層化合物)。

㈢蛋白質：乃是由胺基酸組成複雜分子，每一胺基酸含有一羧基（$-COOH$）及一胺基（$-NH_2$）。蛋白質有多種，例如種子蛋白及核蛋白等。

㈣有機酸及醇類：例如果實香味特性乃是一些揮發性有機酸、脂類、酮類及醛類化合物。

㈤芳香族化合物：分子構造式內至少含有一苯環，例如酚化合物之香草醛。芳香族化合物與碳水化合物組成木質素及單寧，可構成重要植物成分。

第二節　蒸散作用、滲透作用與吸收作用

一、蒸散作用

植物體內水分以氣體狀態從表面散失的現象，稱為蒸散作用。它是植物的一種重要生理作用。高等植物由木質部向上移動水分及溶質與蒸散作用有關。透過多數氣孔，在葉面上水氣經過蒸散而失去，當細胞失去水分時，會產生一種水分張力吸引木質部水分從根部至葉面，由於這種張力傳至根部而增進水分吸收。水分蒸散率與氣孔狀態有密切關係，氣孔開放受保衛細胞內膨壓所調節。環境因素如溫度、日光及大氣中水氣壓力等對水分蒸發率也有影響。由於蒸散作用中水分由液態變為氣態散失而產生吸熱現象，往往會降低葉面溫度。表皮上角質、臘質及茸毛均可減少蒸散作用。若植物蒸散作用過於旺盛則需要灌溉以補充水分之不足，以免發生凋萎現象。

二、滲透作用與吸收作用

細胞可看成是一堆原生質被特殊透過性膜所包住，此膜准許水及無機鹽類通過，但是制止大形複雜分子如糖類通過。無機鹽類分子藉著擴散作用經過選擇性透過膜，水分移動則藉著滲透作用通過此膜。從人工滲透裝置中觀察水擴散現象，可看出水分從高溶劑濃度(純水)移至低溶劑濃度溶液(糖液)（圖 4-1）。然而有生命的細胞具有主動吸收的功能，由呼吸作用供給能量協助吸收作用進行。分子移入及移出植物細胞的能力與分子大小、脂肪溶解性及離子電荷有關，膜透過性

受營養液內離子濃度影響，單價離子（K^+, Na^+, cl^-）可以增加膜透過性，多價陽離子（Ca^{2+}及 Mg^{2+}）減少膜透過性，同時不同離子對膜透過性有拮抗效應。

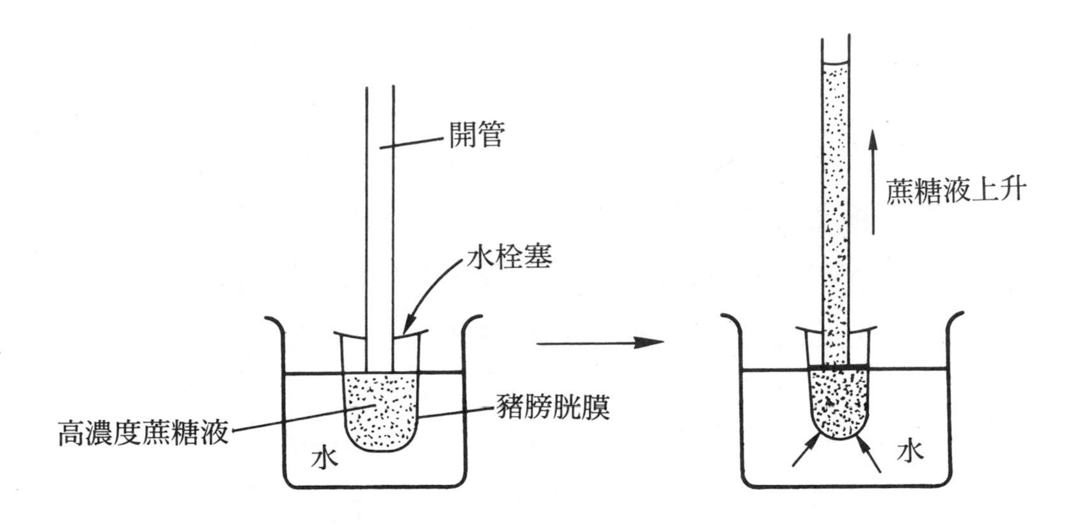

圖 4-1 人工水分滲透系統

第三節 休眠作用及春化作用

一、休眠作用

㈠種子休眠：有生命的種子在良好的外在環境下而不能發芽，稱爲休眠，休眠原因有下列兩種：

1.物理性休眠：由於堅硬不透性種皮造成水分及氧氣進入困難而造成。例如一些豆科植物堅硬種皮種子在自然環境下，須經過土壤微生物或風化作用，才能使種皮軟化以利水分及空氣進入促進發芽。亦可用人爲方法如冷水或溫水浸種法、劃痕刻傷法、藥品處理法（硫酸侵蝕或激勃素）等處理種皮以供打破種子休眠。

2.生理性休眠：在果肉、種皮或種子內胚乳中含有阻止種子發芽之抑制劑。例如在番茄果肉內種子不易發芽，如果除去果肉及洗滌種子後，種子很快就會發芽。在土壤中經過雨水沖刷及微生物分解，可以除去果實及種皮上抑制劑。在園藝上則採用濕冷層積法貯藏種子，可除去抑制發芽作用及產生刺激發芽物質，以利種子發芽。最適宜低溫在 5°C左右。

㈡芽休眠：在不利環境條件下，會阻止植物繼續生長。一些生長在溫帶地區木本性植物，由於秋冬遇到短日照及低溫環境，樹體開始

圖 4-2　蘋果在冬季所需低溫量不足情形下，側芽無法萌發

休眠，這些植物芽休眠可能受內部形成抑制劑所致，如果經過冬季一定低溫量，就可以打破休眠，在翌年春季才能順利萌芽（圖 4-2)。其中花芽所需低溫量較葉芽為少些。如果將原在高山低溫地區所栽培的蘋果品種，移至平地栽培，會在翌年春季發生發芽困難或遲延展葉的現象，主因在平地低海拔地區冬季低溫量不足，無法滿足蘋果芽體打破休眠需要。

二、春化作用

一些植物經過適當低溫（5°C）一段期間（通常至少 6 星期）後，誘致開花的現象，稱為春化作用（圖 4-3)。經過低溫春化處理後的植物嫁接在未春化處理的植物上，可使兩者均開花。

經過春化處理的植物置於高溫情形下，會恢復原來不能開花的情況，此種現象稱為逆春化作用。例如洋蔥鱗莖置放在 27°C經過 2～3 星期，便可逆春化作用而不易開花，因此洋蔥在本省南部恆春半島不易開花有利鱗莖生產栽培。

溫度會影響開花的時間。例如猩猩木（聖誕紅）在短日照下，經過 21°C環境 65 天便可開花，如果在 15.5°C環境下，則需 85 天才能開花，因此在亞熱帶較高溫地區的聖誕紅開花較溫帶低溫者為早。

圖 4-3　洋葱植株在適當低溫下(5°C)會開花

習 題

一、試述植物生長原理。

二、何謂代謝物質？試寫出植物所需代謝物質五種。

三、試寫出植物水分上升原理。

四、試述溫帶性植物在熱帶地區發芽困難原因。

五、何謂春化作用？對植物開花有何影響？

實　習

Ⅰ、題目：種子之發芽試驗

Ⅱ、材料：菠菜種子

Ⅲ、用具：砂紙、播種箱（含有珍珠石、蛭石及泥炭土等混合土作介質）等。

Ⅳ、方法：

1. 每 3～5 人一組，每組選用潔淨飽滿菠菜種子 200 粒，種子處理方法有二：一爲經砂紙磨傷種皮（注意勿傷及胚）少許，另一不經磨傷處理作對照區，將種子均勻各撒在播種箱內，並經覆土後澆水，在播種期溫度保持在 20～25°C左右。至發芽完畢後爲止。
2. 播種後每天記載種子發芽數，至發芽完畢後爲止，比較兩者發芽率及發芽狀況。

Ⅴ、問題：

種子發芽異狀原因何在？並列舉種子發芽環境條件。

第五章　植物營養

第一節　植物營養之重要性

植物體乾物(92～95%)是由碳、氫及氧所組成，碳由二氧化碳所供給，氫由水所供給，氧則由水及空氣所供給，剩餘的(5～8%)則由十三種必要礦物質元素及一些非必需元素如矽或鋁所組成。在這十三種元素中，有六種元素需要量比較多，被稱爲多量元素，包括氮、磷、硫、鈣、鉀及鎂等。其餘的七種元素需要量較微少，被稱爲微量元素，包括鐵、鋅、錳、銅、硼、鉬及氯等。由於這十三種元素通常從土壤中由根部攝取，因此植物營養與土壤肥力研究往往相提而論。近年來發展植物無土栽培之水耕法，植物營養更被重視。因此土壤中或無土栽培中無機養分的調配成爲園藝上重要的栽培技術。

第二節　主要營養元素

植物主要營養元素多指植物組織構造或生理作用上所需的多量元素，包括氮、磷、鉀、鈣、硫、鎂等六種。

一、氮

氣態氮對植物不能吸收利用，必須在土壤中固定成溶解性無機態氮，植物才能吸收。氮亦可固定在土壤有機質中。土壤微生物例如根瘤菌可以固定大氣中氮素以供給植物利用，硝化細菌能將亞硝酸氮變爲硝酸態氮，以供植物吸收利用，但硝酸態氮易溶於水而被沖刷流失。植物蛋白質主要合成在新細胞形成組織部位，例如莖及根尖、芽、形成層及發育中的貯藏器官。

在完全發育的葉中，氮在乾物質中佔2.5～4.5%。氮是細胞構成中不可缺少的成分，例如胺基酸、核酸及葉綠素分子等，氮與碳水化合物比例可以影響植物生長狀態，高氮促使枝葉生長及延緩開花，但是在缺氮情形下，會抑制植物生長。

在缺氮情形下，新梢生長減退，葉較正常葉小而呈淡綠甚至黃色，由於氮在植物內移動快，老葉最受影響，缺氮果實通常較小及早熟。在過多氮情形下新梢伸長旺盛，組織軟弱且呈不正常深綠色，對於多年生果樹，過多氮造成果實著色不良及延遲成熟期，亦會減退果實風味及貯藏期。

園藝植物在田間施用氮肥有尿素（$CO(NH_2)_2$）、硝酸銨（NH_4NO_3）及硫酸銨（$(NH_4)_2SO_4$）等，在溫室中常用硝酸鈣（$Ca(NO_3)_2$）、硝酸鉀（KNO_3）等肥料。

二、磷

磷在土壤中相當穩定，有效磷與土壤pH有關，在pH甚低情形下（2～5）施用磷，磷會沈澱而在土壤溶成複雜鋁及鐵化合物，而在

pH 高情形下(7～10)，磷易被固定成複雜鈣化合物，但在微酸性及中性時(pH 5～7)，則形成一或二價磷酸鈣，可以有效的供植物利用。在肥沃的農業土壤中，磷在土壤溶液含有 0.5～1.0 ppm，氮含量則在 25 ppm 左右。

磷是核酸、磷脂及高能磷酸鏈化合物的重要成分，植物需磷量較氮及鉀爲少，適當葉磷濃度佔乾物質 0.2～0.3%。

缺磷症首先發現在老葉中，老葉失去光澤呈暗綠色，通常在葉背主脈呈紅、藍或黃色帶綠色，幼葉變小。

磷肥種類有過磷酸鈣($CaH_4(PO_4)_2$)、磷酸第一鉀(KH_2PO_4)及磷酸銨($(NH_4)_2HPO_4$)等，多當作基肥施用。

三、鉀

鉀在土壤中含量通常較氮及磷爲高，然而僅有 1～2% 可供植物利用，在土壤中呈交換性離子狀態，它可調節光合作用、呼吸率、碳水

圖 5-1　葡萄葉缺鉀徵狀

化合物代謝作用及輸導作用，葉乾物質中適當含鉀量約在3.5～4.5%。

缺鉀症首先出現在老葉上，早期病徵包括黃化症，並在老葉葉緣出現明顯灼傷狀。果實低產，根群發育不良。施用鉀量太多，則會減低鎂、錳及鋅的吸收，嚴重時造成毒害(圖5-1)。

鉀肥有氯化鉀(KCl)、硫酸鉀(K_2SO_4)及硝酸鉀(KNO_3)等。

四、鈣

雖然在土壤中含鈣量不及含鉀量，可利用性卻較高，大多呈交換性陽離子附著在土壤膠體上，對土壤粒子吸收離子及其他元素有效性有重大影響。例如石灰（CaO）施用在酸性土壤中，即爲了降低土壤酸性，減少磷固定作用及增加鎂及鉬可利用性。過多施用石灰情形下，則會減低錳及鐵的可利用性，因爲前兩者在高pH下會減少溶解性。鈣可促進土壤團粒化而改善土壤結構，亦可促進硝酸化及氮固定細菌作用，鈣亦是細胞壁成分，出現在細胞中膠層內果膠鈣中。

缺鈣症是生長受阻而彎曲，葉歪帶壞疽斑點，莖頂端可能死亡，根部變粗而短呈褐色，在果實中番茄果實蒂腐病，蘋果苦斑病及果肉崩壞症等種。

鈣肥有白雲石粉($MgCO_3 \cdot CaCO_3$)、硫酸鈣($CaSO_4$)等。

五、硫

地殼含有0.06%硫，多以硫化物、硫酸鹽或硫元素存在，大多數土壤中硫由硫化物風化作用而來，並與有機硫呈循環變化。

硫是輔酵素及維生素一部分，洋葱、芥菜及白菜，具辛辣味均爲含有硫化合物的緣故。

缺硫症與氮相似，葉有淺綠現象，因爲硫有參與葉綠素分子合成作用。硫較不活動，黃化症在新生長部位較爲嚴重。

園藝作物不易發生缺硫症，主因在藉著其他肥料施入土壤中，如過磷酸鈣、硫酸銨、廐肥等。但在鹼性土壤中，加用硫磺粉可降低土壤中 pH。

六、鎂

鎂在酸性、砂質及潮溼地區有時缺乏。如同鈣在這些地區陽離子交換能力較低。

鎂是組成葉綠素分子的成分，同時擔任胺基酸及維生素的形成，它亦有能源轉移及磷代謝作用，種子內含鎂量特別高，葉乾物質內適當含量在 0.35～0.55%左右。

缺鎂症呈葉脈間黃化症（圖 5-2），由於鎂具有移動性，病徵首先

圖 5-2　葡萄葉缺鎂症

出現在老葉上。

鎂肥有白雲石粉（$CaCO_3 \cdot MgCO_3$）及硫酸鎂（$MgSO_4$）等。

第三節 次要及微量營養元素

植物所需微量營養要素量雖少，但不能缺乏，所需量常以 ppm（百萬分）表示，微量營養元素包括有鐵、硼、錳、鋅、鉬、銅及氯等七種。

一、鐵

在土壤內含鐵量雖高，但是常呈不可利用態，尤在鹼性土壤爲然。在土壤中可利用態依據 pH 而定，它的溶解性及移動性與缺鐵症有密切關係，例如土壤因高 pH 而引起缺鐵症，被稱爲由石灰誘起黃化症；鐵可爲某些酶或在葉綠素合成中作催化功能。

在葉脈間失去綠色，出現黃白色，稱爲缺鐵黃化症，由於鐵不移動性，缺乏症首先在非常幼小葉上，在嚴重情形下，新梢會枯死。鐵吸收過多發生毒害會造成缺錳症，一般在葉內適當含量在 75～125 ppm 左右。

如果土壤 pH 太高，可施用硫磺粉或硫酸銨作肥料，以增加土壤酸性，有利於有效性鐵形成。

二、硼

在大多數土壤中含硼量低，它是一種易被沖刷的微量元素，當 pH 增加時，硼變固定而降低其可溶性，缺硼症特別易在砂性或泥炭土中出現。硼對植物開花與結果、花粉發芽、細胞分裂、氮代謝作用、碳水化合物代謝與移動及荷爾蒙移動等均有其功能，在葉乾物量內適當含量範圍在 25～100 ppm 左右。

早期缺硼症呈節間短而莖肥厚，變爲堅硬及脆斷，隨著生長遲鈍，褪色及新梢頂端死亡，使側芽發生呈叢生狀，葉變厚，彎曲及畸形，易脆及暗綠色，開花及著果被抑制。根、塊根或果實變色及裂開，多年生果樹上果實常較枝葉早受影響。過多量硼會發生毒害，例如核果類毒害症包括小枝死亡，節擴大及流膠，葉沿葉脈黃化而早落葉，果實裂開，木栓化及早脫落。

主要硼肥是硼砂($Na_2B_4O_7 \cdot 10H_2O$)或硼酸鈣($Ca_2B_6O_{11} \cdot 5H_2O$)，有時硼砂亦可作葉面施肥用。

三、錳

在許多含鐵質土壤中可以發現錳存在。在通氣鹼性高有機質土壤中，二價錳會氧化爲四價錳($Mn^{2+} \rightarrow Mn^{4+}$)，變爲不可利用性，因此在鹼性土壤中會發生缺錳症。當酸性升高至 pH 5.5 或以下時，由於土壤內錳溶解性增加，會發生錳毒害問題，因此過多錳量可用石灰來矯正。錳對葉綠素合成、呼吸作用、氮素同化作用及光合作用有關。在氧化還原反應中，擔任酶活化劑；在葉乾物量內適量範圍爲 50～100 ppm。

由於錳不移動性，缺乏症首先出現在幼葉上，起自葉綠主脈間出現黃化斑塊，病徵與缺鐵相似，缺乏症嚴重時，常出現壞疽斑點。過多錳會產生縐縮及杯狀葉。

錳肥包括硫酸錳($MnSO_4$)、碳酸錳($MnCO_3$)等種。但這些二價錳在高 pH 的鹹性土壤中，會被氧化成四價錳，此時可施加配位錳(MnEDTA)來矯正土壤的缺錳現象。

四、鋅

鋅在土壤中含量甚少，它的溶解性較絕對含量為重要，鋅在鹼性土壤很難被利用，在砂性土壤中易流失，在酸性土壤中會發生毒害。

鋅與蛋白質及吲哚乙酸(IAA)合成有關。

缺鋅時出現抑制生長及減短節間長度等現象。鋅為不移動性，缺鋅症出現在幼葉上，呈現葉脈間黃化病、小葉病及簇葉病現象。

五、鉬

鉬在土壤中含量甚低，在土壤中稍有溶解性，在酸性土壤中固定性較鹼性土壤為強，所以控制酸性土壤乃是減少缺鉬症最有利矯正方法。

缺鉬時，蛋白質合成受阻及植物生長停止，它對維生素合成亦為必需，豆類根瘤菌需要鉬，缺鉬常使種子不易充實。植物通常約含 1 ppm 或少些鉬量，適量範圍在 0.15～1 ppm 左右。

鉬在植物內不移動，缺乏症首先出現在幼葉上，通常早期病徵呈蒼綠色帶捲曲或杯狀葉緣，在老葉脈間呈黃化及斑塊狀，在柑桔葉上形成黃斑，感染葉常呈粗糙，厚而不規則縐紋，歪曲狀。

鉬肥有鉬酸鈉（Na_2MoO_4），可用葉面施肥法矯正缺鉬症。

六、銅

在大多數黏土或壤土內含有10～200 ppm銅量，可充分供植物需要，可溶性交換性銅爲Cu^{2+}或Cu^{+}。在酸性土壤中含量較高，當鹼性增加時，便會減少溶解性。在砂性土壤可能缺乏，乃因爲沖刷或低代替性，然而在有機質土壤內，銅會被固定，因此會出現缺銅症。

銅是一些酶類成分，它影響葉綠素合成、碳水化合物及蛋白質代謝作用。在葉綠體內約有70%銅量，在植物組織內臨界水準範圍爲5～15 ppm。

缺乏症爲葉大小會減退且帶有黃化及斑塊狀，嚴重時，新梢尖端枯死，在枯死新梢頂端下方會發芽，發生叢生掃帚狀。銅及鋅缺乏症常聯合成不易分明病徵。

銅肥有硫酸銅($CuSO_4 \cdot 5H_2O$)，當pH增加時，對植物會增加不可利用性，可作葉面施肥用。它與石灰混合成爲廣用的殺菌劑——波爾多液。

七、氯

氯具有高溶解性，常在土壤、水及空氣中分佈，氯離子在土壤內自由活動。

氯在植物內少量存在，在乾物量約有0.1%。

缺氯症爲植物萎凋狀，根粗短，過多分枝，呈黃化及古銅色。

過多氯會產生氯毒害，尤在鹽土爲然，出現葉黃化、壞疽、葉緣燒焦狀、生長抑制及減少產量。

氯可由降雨加入，亦可由肥料中供給。

習 題

一、植物在氮素缺乏及過多情形下，會發生何種現象?

二、在土壤 pH 過低情形下，磷對植物吸收有何影響?

三、試述植物缺鉀症及缺鈣症。

四、何謂石灰誘發的黃化症?

五、何謂微量元素? 對植物會發生何種影響? 試舉兩例說明之。

實　習

Ⅰ、題目：園藝植物營養缺乏症

Ⅱ、材料：營養缺乏症植株或幻燈片

Ⅲ、用具：×10 放大鏡，幻燈機及銀幕

Ⅳ、方法：

1. 選取常見園藝植物植株營養缺乏症（缺氮症、缺磷症、缺鉀症、缺鎂症、缺鈣症、缺鐵症、缺鋅症及缺錳症等）植株或幻燈片，仔細觀察缺乏症特徵。
2. 記載你看到營養缺乏症特徵，並比較其病徵不同點。

Ⅴ、問題：

1. 園藝植物缺氮症與缺磷症最大不同點何在？
2. 園藝植物缺鋅症與缺錳症有何不同？
3. 園藝植物缺鐵症及缺鎂症多發生在何部位？
4. 試舉例說明土壤 pH 對於可溶性養分影響。

第六章　園藝植物之繁殖

園藝植物繁殖的主要目的有二：一爲增加個體數目，另一爲延續其生命或保存植物本身特性。通常植物繁殖有二型式，一爲有性繁殖，藉著雌雄配偶子結合成種子來增殖植物，另一爲無性繁殖，藉著細胞分裂及分化來增殖植物，無性繁殖具有將失去部分行再生作用的特色。

第一節　有性繁殖

有性繁殖亦稱爲種子繁殖或實生法。其優點在㈠操作容易及一次可得多數苗，因此是植物繁殖中最簡便的方法。㈡方便貯藏及遠運。㈢可獲得無病毒苗木，因爲大多苗病毒不藉著種子傳送。其缺點在㈠植物性狀易分離，不易保存親本之固有特性。㈡實生苗因具有較長幼年性，播種後到達開花結實期較遲。㈢單爲結果或不具種子植物不能採用。

一、優良種子應具備條件

㈠種子純正，須有該品種優良特性，且不具雜草種子及砂石等夾雜物。

㈡種子形狀飽滿，充分成熟及色澤鮮明。

㈢種子大小相似及組織充實。

㈣發芽率高及發芽均勻。

二、種子發芽條件

休眠種子從胚細胞開始分裂形成幼芽及幼根，伸出種皮外的現象，稱爲發芽。發芽所具備條件如下：

㈠種子具有活力：可利用發芽試驗測定其發芽率，並以生化TTC法測定種子的活力。

㈡打破休眠後種子：例如採用種皮刻傷法或低溫層積法及幼胚培養技術等處理，目的在打破種子休眠以利種子發芽。

㈢適當環境條件：

1.氧：種子發芽需要氧行呼吸作用釋放能量以助發芽。假如在播種時，播種深度過深或積水，種子因缺氧而不易發芽。在排水良好及淺耕播種床可加速種子發芽。

2.水分：有助酶活動及合成，將複雜貯藏物質轉換成簡單水溶性物質，以供胚吸收。如果土壤內水分過多，引起氧缺乏及促使病害發生，會阻礙種子發芽。但是種子發芽期所需水量視種子種類不同而異，如芹菜種子需水量較番茄種子需水量爲多。

3.溫度：可影響種子發芽時分解及合成生化反應速度。但是發芽期溫度反應程度依植物種類而異，例如萵苣種子發芽所需土壤適宜溫度（24°C）較番茄（29°C）爲低。

4.光線：大部分植物種子在發芽期不需要光線，但在實生苗早期生長給予充足光線，有利生長粗壯健康苗木，因此在行覆蓋苗床時，種子發芽後宜除去覆蓋物。

三、種子貯藏

種子貯藏壽命因植物種類不同而有很大差異，貯藏環境乃是影響種子壽命的最大因素。含水量多的種子在高溫環境下，由於呼吸作用及微生物活動旺盛，種子貯藏困難，因此在低溫及低濕環境下有利種子貯藏。但是生長在多肉汁果實種子如柑橘種子，在乾燥環境下易失去發芽力。大多數種子貯藏在低溫 0°～10°C及相對濕度 50～65%環境下，至少可維持一年的生命力。

四、播種

㈠播種期：適宜播種期須視作物種類、風土環境、栽培地區、經濟觀點、病蟲害發生期、產品需要期、價格高低及勞力供需等因素而定。在本省，室外田間播種期一般分為春播及秋播兩種，春播在土地及氣候條件許可下，早播使其在酷熱、病蟲害或雨水來臨前，已獲得順利生長及收穫。秋播勿過晚，以利翌春高溫雨水來臨前生育良好。

㈡播種法：種子播在固定不變而不需移植位置稱為直播，多用在移植困難或移植不合算的作物如豆類、甜玉米及蘿蔔等，此法雖可節省人力或操作上的麻煩，但在除草及確定栽植距離上較為困難。如果將種子先播入育苗床內，待幼苗長大後，再移入園地，此稱為床播或移植法。一般選用通氣排水良好及無病原菌材料作播種媒質，由於幼苗長大後媒質缺乏養分及空間限制，需要做移植工作。播種容器有育苗盆（圖 6-1）、育苗盤及穴植管（圖 6-2）等，大規模園地可採移植機械操作，十分方便。

播種方法可分為下列三種：

1. 撒播：將種子均勻撒佈於田間，再用土覆蓋。此法優點在作業快而省勞力，但有播種不易均勻及中耕除草不便的缺點。

圖 6-1 早春無子西瓜塑膠袋內育苗

圖 6-2 柑桔幼苗在大型穴植管內生長

2.條播：先在田間一定距離開淺溝，將種子播入溝內，再用土壤覆蓋。此法優點在中耕除草及施肥工作方便，較撒播節省種子量。

3.點播：先在田間一定距離作穴，將種子1～3粒播入穴內，再用土覆蓋。此法用在大粒種子或直播法，優點在作業較方便，將來幼苗發育良好，更能節省種子量，缺點在幼苗期管理費多，種子不發芽易成空地，土地利用不理想。

㈢種子預措：種子在播種前先經適當處理，有利將來萌芽。

1.種子消毒：在種子發芽過程中，病害是一種關鍵因素，發芽中主要病害是眞菌性苗枯病，可使種子不發芽，發芽後立即死亡或在幼苗期有猝倒現象。通常種子消毒方法有二種：⑴溫湯浸種法：播種前將種子浸入50°C熱水中15～30分鐘，可殺死一些附在種子上的病原菌。⑵藥劑處理法：可用5%次氯酸鈉10倍稀釋液，浸漬5分鐘後再行播種。

2.種子催芽：催芽後種子具有發芽率高、發芽整齊及提早萌芽的效果。種子催芽方法如下：

⑴破傷種皮：對於種皮堅硬的種子，將種皮刻傷、磨傷或切傷一部分，使空氣及水分進入，以利發芽。

⑵浸水法：將種子浸入溫水或冷水中，使種皮柔軟以利發芽，浸水時間長短因種子不同而異。

⑶藥劑處理：將種皮堅硬或具有臘質的種子，用強酸性或強鹼性藥液處理。處理所用藥液及時間依種皮厚薄不同而異，待種皮腐蝕沖水後再行播種。

⑷濕冷層積處理：將種子與濕潤砂層層相疊，在低溫5～10°C下，使種皮柔軟並刺激胚發育。

㈣播種深度：種子播下後，加以覆土，覆土深度一般爲種子 2～4 倍。然而大粒、砂土、氣候乾燥或冷熱變化劇烈地區宜深播。

㈤播種後管理：

1. 覆蓋：播種後採用稻草或紗網行地面覆蓋，在早春可以保溫，在乾旱期減少地面蒸發，可以減少灌水次數。萌芽後，黃昏時除去覆蓋物，採光後可增進幼苗強壯。

2. 灌溉：在播種期乾旱時，宜有適當灌溉，以助發芽，採用細孔噴壺、盆底給水或多量少次灌溉方法，以保幼苗健康。

3. 其他：幼苗期宜有中耕除草、疏苗、施用速效性追肥及病蟲害防治工作等栽培管理工作，以利植株生育良好。

第二節　無性繁殖

利用植物組織或器官之再生作用可行無性繁殖，由於採用植物營養體（根、莖、葉）作繁殖材料，又稱爲營養（體）繁殖法。無性繁殖優點有㈠植物性狀不會分離而改變。㈡抵達開花結實期早及㈢可採用在無種子植物繁殖如香蕉及鳳梨等。無性繁殖方法有㈠利用種子內無性胚，例如柑橘。㈡利用特殊營養體如匍匐莖（草莓）、鱗莖（葱）、球莖（唐菖蒲）、旁蘖（金針菜）、根莖（鳶尾）、塊莖（馬鈴薯）及塊根（甘藷）等。㈢誘發不定根或不定新梢（壓條法、扦插法）。㈣嫁接法。㈤組織培養法（圖 6-3）等。

圖 6-3　取植物莖頂分生組織在無菌培養基內繁殖

一、分株繁殖

取在植物特殊構造部位長出不定根及不定新梢所行的繁殖方法。繁殖體與母體自然分開者稱爲分離，例如球莖類、鱗莖類。繁殖體需要人爲切割分開者稱爲分割，例如塊莖類、塊根類、根莖類、旁蘗類等。

㈠鱗莖類：縮短莖帶有肉質化鱗片，在中央生長點發育，鱗片基部產生芽而形成小鱗莖，鱗片或小鱗莖均可作爲繁殖材料，此類植物有洋葱、水仙、風信子、百合、葱、蒜、鬱金香、孤挺花等。

㈡球莖類：雖然形似鱗莖，但無鱗片，卻爲實體構造，其上帶有節及節間。在老球莖與新球莖間肉質芽可發育成小球莖，乃是常用的繁殖材料。此類植物有唐菖蒲、番紅花、荸薺（圖 6-4）等。

圖 6-4　荸薺之球莖

㈢匍匐莖類：在植物基部附近葉腋內發出特殊地上莖，切下此莖作繁殖材料。此類植物有草莓、吊蘭及虎耳草等。

㈣根莖類：在地面下發生水平圓柱狀根莖。將根莖切成若干帶有芽體片段作繁殖材料。此類植物有藕、薑、竹、鳶尾及美人蕉等。

㈤塊莖類：肉質化塊狀地下根莖。例如馬鈴薯塊莖（圖 6-5）具有多枚芽眼，切下 25～50 g 大小帶有芽眼小塊供作繁殖材料。此類植物尚包括彩葉芋、晚香玉及大岩桐等。

㈥旁蘗類：在接近地面莖側部發生新梢，切割下旁枝供作繁殖材料。此類植物有鳳梨、香蕉、蘭花及虎尾蘭等。

㈦塊根類：可供貯藏養分肉質化肥大塊狀根，塊根上形成帶根之

圖 6-5　馬鈴薯之塊莖

不定芽，可切下帶有芽部分作繁殖材料。此類植物有甘藷、大麗菊及球根海棠等。

二、壓條繁殖

將植物體一部分採用媒質被覆誘致發根後再自母體切斷分離，成爲獨立植物。由於莖在生根前連接母體，可獲得母體養分供給，生育成活較爲確實，但是在操作上所費勞力多，繁殖苗木有限，多用在生根困難或貴重苗木繁殖。促使壓條生根措施有刻傷、環狀剝皮、白化及彎枝等措施，以利碳水化合物及生長素積聚而刺激根發生。一般將壓條繁殖法分爲下列三種（圖 6-6）：

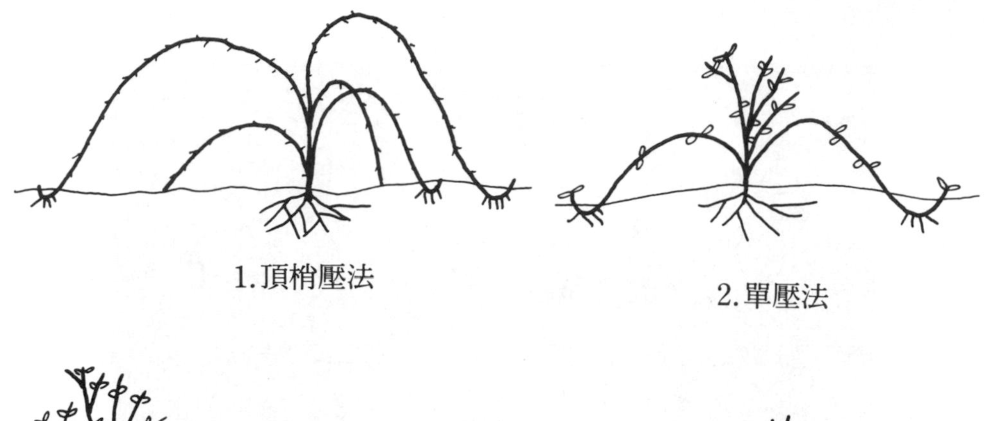

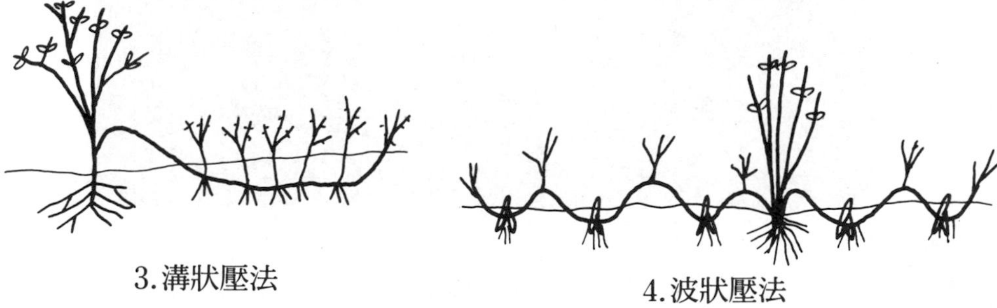

㈠偃枝壓條法

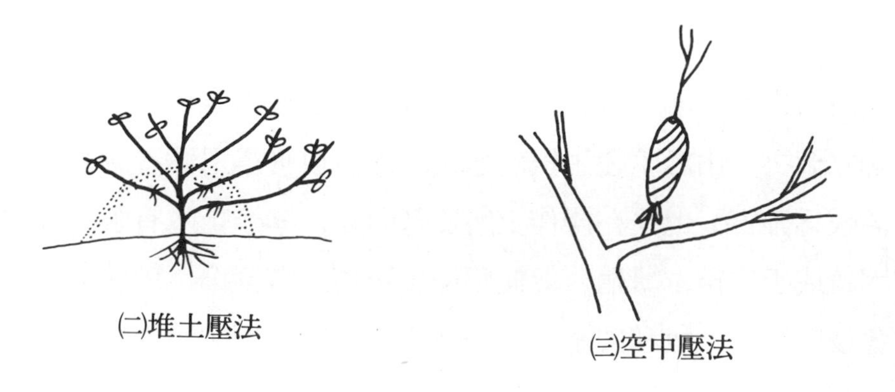

圖 6-6 壓條種類

㈠偃枝壓條法：選取適當枝條壓入土中，使其被覆部分生根，地上部發芽，再自母體切斷分離成爲獨立植物。壓入土中方法有梢頂壓、單壓、溝狀壓及波狀壓等種，此法多用在海棠、紫藤及垂柳等蔓性或灌木性植物。

㈡堆土壓條法：在早春將母株從根冠處切斷，使其萌芽長出新梢，再堆土於根際，待秋冬發根後切離母體。此法多用在石榴、紅棗、茉莉花及桂花等在根冠處易萌芽的植物。

㈢空中壓條法：選取直立性發育良好枝條，在枝條下方行刻傷或環狀剝皮，再用水苔等介質及塑膠布包裹，待生根後剪下苗木種植。此法多用在荔枝、枇杷、玫瑰及豔紫荆等枝條位置高而堅硬不易彎曲之植物。

三、扦插繁殖

分離植物營養體一部分，插入介質中，使其下方生根及上方發芽而成爲一獨立植物。由於細胞分裂、分化及伸長而形成新梢及不定根。生根能力大小除植物本身遺傳因素外，亦與由葉輸送來生根物質如生長素、碳水化合物、含氮化合物、維生素等有關。外界環境因素對生根影響有下列幾種：

㈠濕度：由於插穗無根，吸收水困難，新葉雖可促進生根，但是蒸散作用大，因此需有間歇性自動噴霧裝置以維持高濕度及降低葉溫，使插穗在高光度下行光合作用，利於生根。

㈡溫度：插床內介質溫度在24°C，有利於刺激細胞分裂及生根。較低氣溫可以減少地上部呼吸作用及蒸散作用，大多數植物保持在白天 21～27°C，夜間 16～21°C氣溫情形下，有利於插穗生根。

㈢光線：光線本身會抑制根發生，但在未木質化之插穗藉光線行光合作用，合成碳水化合物，有助於生根。然而落葉性硬材插穗，因含有較多養分及生長素，在黑暗中生根較佳，因此光線對誘發生根任務依植物種類及繁殖方法而異，遮光行白化處理積聚生長素可誘致根發生。

㈣生根介質：生根用介質需要有能供給水分及氧而不帶有病原菌等條件，一般所用生根介質有土、砂、泥炭土、蛭石及珍珠石等，使用珍珠石或混合泥炭蘚尤佳，因具有良好保水力及排水力，並有無病原菌等優點。

四、嫁接繁殖

嫁接繁殖又稱爲接木法，利用組織再生作用，連結分離植物體，而成一獨立植物，在組合中能供給水分及養分。下段部分稱爲根砧(砧木)，所接在上片段部分稱爲接穗或接芽。接口癒合部位是嫁接法之基礎，由接穗及根砧形成層產生癒合組織，密合連結形成接口。在多年生木質化雙子葉植物莖內木質部與韌皮中間具有分生組織之形成層，呈連續性排列。癒合組織分化成新形成層，新形成層再分化成木質部及韌皮部，產生在根砧與接穗間有生命性連結現象。在嫁接技術中須注意將根砧與接穗形成層間密切靠緊，以利連結成連續性管道，因此塑膠帶、電膠布及釘等均有助兩者密切接觸。一些病毒及荷爾蒙可穿過此接口，可供病毒生物鑑定用。嫁接成活與否須視兩者親和力大小而定，接木親和力大小依植物親緣關係遠近而定。

嫁接繁殖方法甚多 (圖 6-7)，按接穗所用材料可分爲枝接法、芽接法及根接法等三種。

㈠枝接法：常用枝接法有下列幾種：

1.切接法：將莖離地面約 10 cm切去，採用切接刀從切口向下稍帶木質部下切深約 2 cm，使形成層露出，然後將與根面同長而在反對面有斜削之接穗插入，對準兩者形成層，再經綑綁固定保護傷口，以利早日癒合，此法在本省最常用，多用在果樹及觀賞樹木之繁殖。

2.割接法：亦稱劈接法。在較粗大根砧上劈裂，將楔形接穗插入根砧中，多用在多年生或位置高之植物。

3.舌接法：多用在直徑較細且接穗及根砧直徑相同大小之材料，將兩者各削成馬耳形 2～3 cm大小切面，各在切面上方⅓處縱切一刀，切面成舌狀，將兩者嵌入，再用塑膠布綑縛保護，由於兩者切面接觸面積較大，癒合機會亦較大。多用在葡萄苗木繁殖。

4.高接法：利用大型成年樹枝幹及根群，在枝幹上行高接工作，具有快速更換栽培品種功能。

5.靠接法：亦稱寄接法。在優良品種植株旁，置放根砧植物，在兩者側面各削成 3 cm大小斜面，將兩者斜面形成層對齊，接合綑縛保護，待兩者癒合後剪下成一獨立植物。此法不但可用來嫁接較難成活的植物，且可增強所靠接植物的活力。

㈡芽接法：取用單芽爲接芽，在根砧側面平滑處，以芽接刀削成切縫，再將接芽插入切縫內，外面用塑膠帶緊縛。依在根砧上所用切縫形狀不同有丁形芽接、十字形芽接、方形芽接等。一般在夏末秋初接芽充實及樹皮易剝開季節舉行，接好後 7～10 天可知癒合與否，未成活可再行芽接工作。

㈢根接法：以強健帶根實生苗供作根砧，靠接於主幹近地面處，

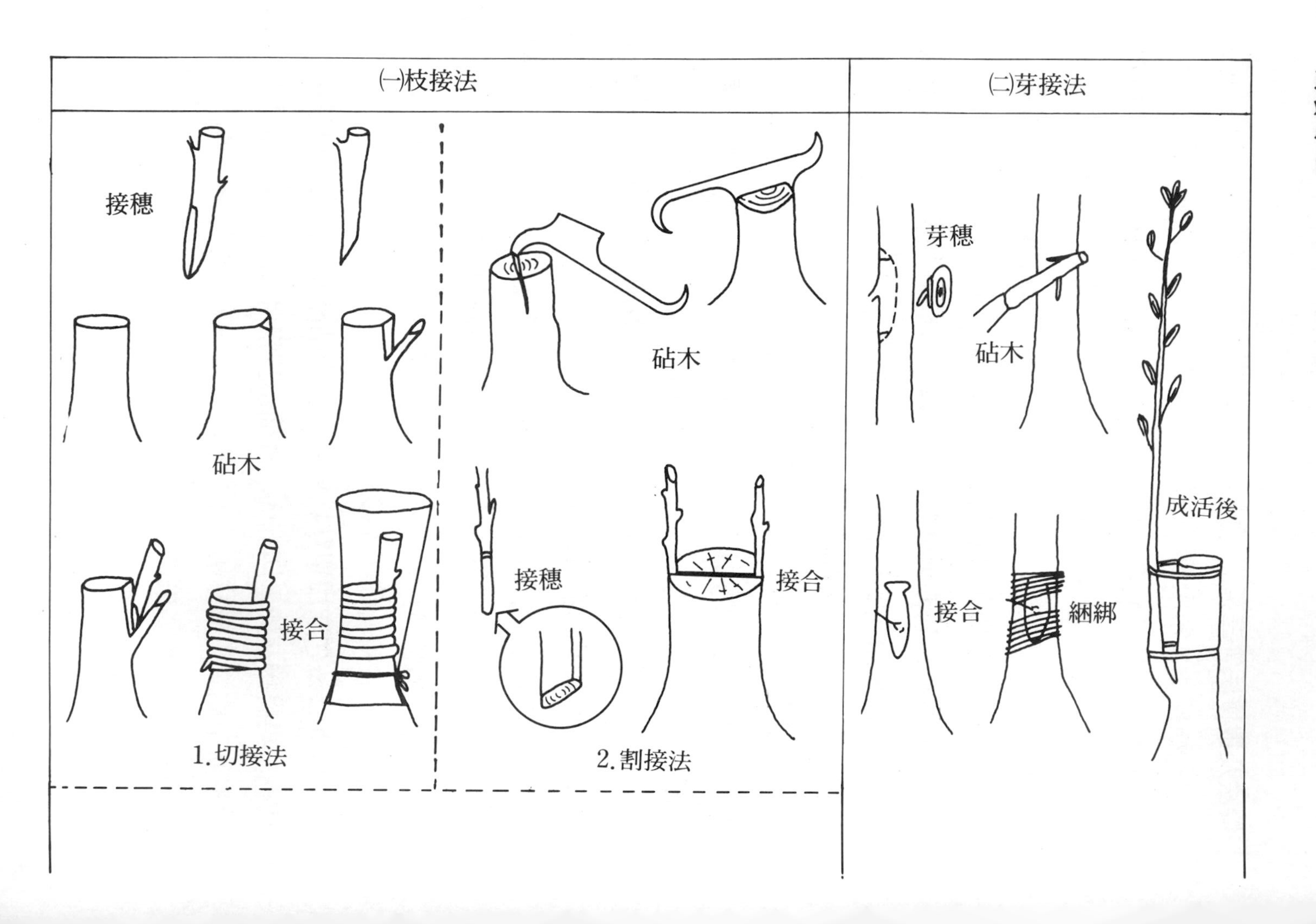

(一)枝接法
接穗
砧木
接合
1. 切接法
砧木
接穗
接合
2. 割接法
(二)芽接法
芽穗
砧木
接合
綑綁
成活後

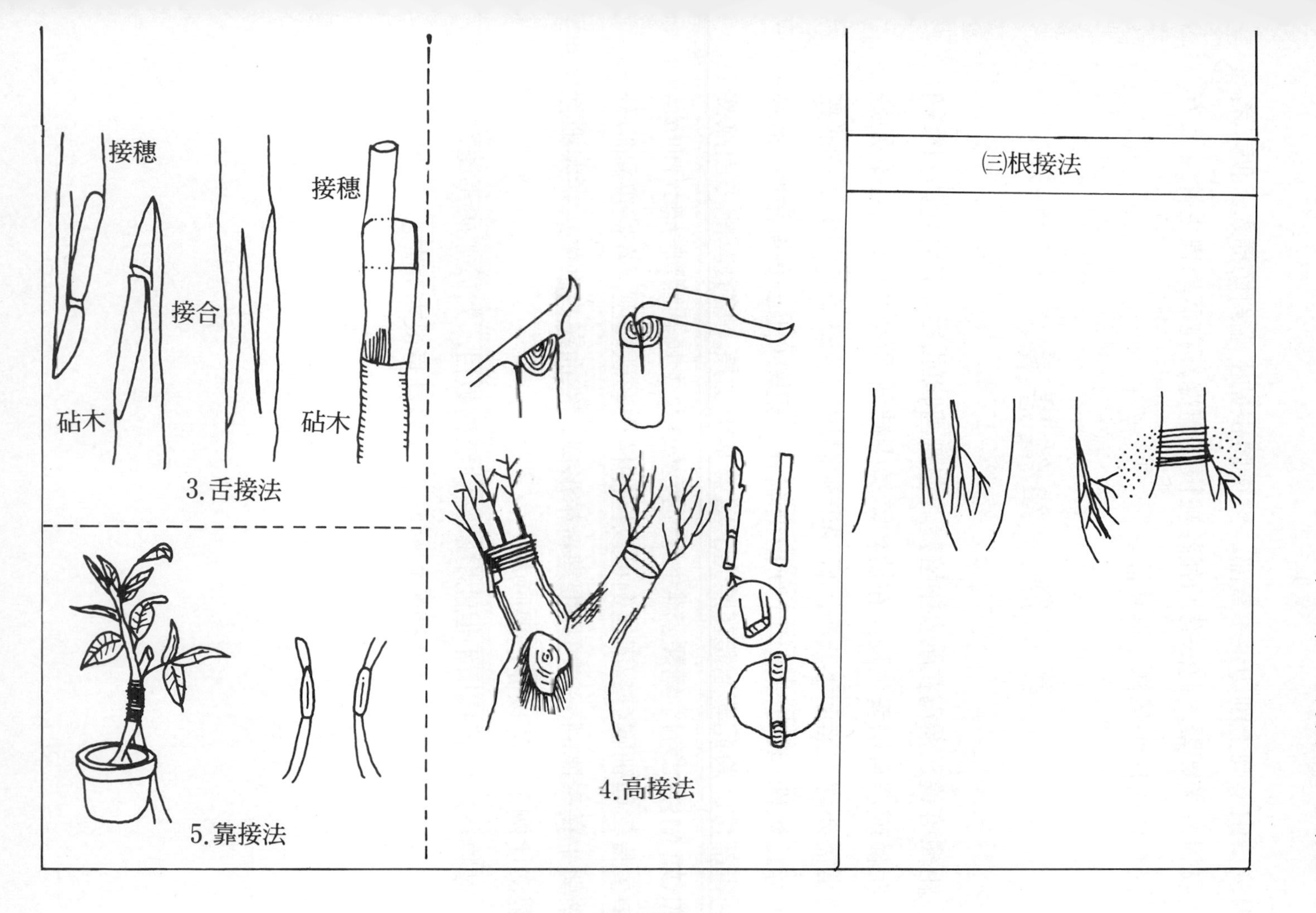

圖6-7　嫁接繁殖方法

以根接口由下向上削切至木質部，然後將根砧上端斜切插入，使二者形成層對齊後縛緊。此法有助強壯被根接植株，在病蟲害主幹之上方行靠接有代替原來母株根群功能。

第三節　組織培養

組織培養又稱為在試管中培養。在無菌狀態之人工培養基內行細胞、組織或器官培養生長，在植物繁殖中被稱為微體繁殖。在繁殖過程中常需要建立無菌下栽培，經過繁殖體增殖及繁殖體馴化成為能獨立生存之植株。其方法為切下新梢頂端分生組織 0.1 mm長度微體，常是無病毒部位，將此繁殖體在照光下培養基中生長。培養基配方由無機鹽類（如 MS 配方）、糖類、維生素、胺基酸及生長調節劑等配合而成。其中生長素與細胞分裂素比例可以控制植物形態發生，在高度細胞分裂素與生長素比例下，可以促進新梢形成，然而在高度生長素與細胞分裂素比例下，可以促進根形成。

植物組織培養技術不但能增殖園藝植物數目，對於無病毒植物之獲得、隔離及保存，甚至種源材料貯存等都具有很大貢獻。

習　題

一、試區別有性繁殖與無性繁殖之不同點。

二、優良種子應具備何種條件?

三、試述種子發芽之適當環境條件。

四、試述種子消毒之方法。

五、試述園藝植物採用無性繁殖之原因。

六、舉例說明園藝植物鱗莖類及球莖類之形態構造。

七、舉例說明園藝植物匍匐莖類及旁蘖類之形態構造。

八、列舉壓條繁殖之利弊。

九、植物生根媒質須具備何種條件？列舉現今常用之生根媒質三種。

十、試述園藝植物嫁接成活之原理。

十一、爲何採用高接法？試舉例說明之。

十二、試列舉組織培養技術在園藝植物中之用途。

實 習

Ⅰ、題目：園藝植物切接法

Ⅱ、材料：橫山梨（接穗），鳥梨（根砧）

Ⅲ、用具：切接刀、電膠布、塑膠套及舊報紙等

Ⅳ、方法：

1. 接穗之準備：注意選用發育充實枝條及飽滿芽體，使用銳利切接刀，削面平滑。
2. 根砧之準備：注意在切下時勿帶過多木質部，削面上形成層露出即可。
3. 接合：注意在兩者粗細不同情形下，接穗靠根砧一側，使兩者形成層對齊後，採用電膠布綑緊，並用塑膠套加用舊報紙保護傷口，以促進傷口癒合。
4. 每人至少練習切接法 10 枚，並注意在傷口出現白色癒合組織後，逐漸打開塑膠套，以利接穗生育良好。

第七章　整枝及修剪

第一節　整枝之意義及效益

整枝是一種物理性技術，採用屈枝或緊縛等方法固定養成樹形，目的在控制植物生長狀況、大小及方向，使植物在一定空間內生長。整枝常配合合理修剪去除不需要的部分，使枝條獲得適當排列及空間，並能裝飾美化樹形，因此整枝工作宜行在多年生木本性植物之幼年期，早日能養成所需要樹形。一般整枝效益有下列幾種：

一、增加植株光利用效率。

二、便於栽培管理工作，例如採收及病蟲害防治工作等。

三、增進植物產量及產品品質。

第二節　整枝之型式

植物經過整枝工作後，可獲得一定樹形，尤其在植物幼年期特別需要注意配置主枝分枝點(主幹高度)、枝條生長方向及角度等。依照樹形養成狀態可分為自然型及人工型兩種整枝法：

一、自然型整枝

在整枝時順應植物自然生長狀態養成適當樹形（圖 7-1），例如採用主幹形、改良主幹形、開心形（圖 7-2）、杯狀形及半圓形等。

二、人工型整枝

利用人工修剪誘引主枝於籬壁或棚架上，作各種幾何形整枝方法。例如豆籬形（圖 7-3）、棚架形及裝飾形等。

圖 7-1　自然型整枝

圖 7-2　柚類開心形整枝

圖 7-3　胡瓜豆籬形整枝

第三節 修剪之意義及目的

植物經過修剪後，會引起生理上不同反應，例如擾亂生長素移動及改變留存部相關性，使植物地上部與地下部發生不平衡，又如新梢經過重修剪後，剩餘部位會吸引貯藏性碳水化合物作促進營養性生長。然而根經過重修剪後，會減少氮吸收，延緩地上部營養生長，得以儲存較多碳水化合物，產生促進開花生長功能，因爲增加營養性生長對花芽形成有拮抗作用。新梢在生長旺盛情形下，頂端會產生大量生長素，高濃度生長素從莖頂端向下輸送，會抑制側芽萌發。如果剪去莖頂端，因爲已破壞產生生長素之分生組織，在剪口下方會造成大量側芽萌發而形成側枝。因此剪去新梢頂端亦是破壞頂端優勢的良好方法。修剪的目的有下列幾種：

一、控制植物大小：修剪多年生植物可以維持植物大小，如草坪、綠籬及果樹修剪等，可以獲得美化及便於管理的效果。

二、控制植物形狀：植物形狀與植物本身結構有關，例如枝條數目、生長方位、大小及角度等，均能改變植物形狀，控制植物形狀效益在1.由於獲得較佳光線，可增進產品品質，2.促進藥劑撒佈效果及使藥液快速乾燥，使病蟲害防治得以周全，3.適於機械操作管理。

三、改變植物性能：

㈠移植易於成活：幼小植物經過根修剪或再次移植後，促使根群發達，提高移植成活率。

㈡增進果實產量及品質：例如剪去弱小不開花枝條或徒長枝，有助水分及養分集中流向有用枝條或養成強壯結果枝（圖 7-4），使植物開花及結果良好，提高果實產量及品質。

圖 7-4　養成葡萄強壯結果枝

第四節　修剪之方法

一、修剪基本方法：

㈠短剪：在枝條基部留數芽而剪去頂端部分。在生理上破壞該枝條頂端優勢，刺激側芽形成側枝，修剪後可形成叢生緊密性植物。例如綠籬或草坪修剪法。

㈡疏剪：從枝條基部完全剪去，在生理上使養分集中在有用枝條上運用，修剪後樹冠內空間增大，通氣及透光良好，有利於開花結果。

二、修剪時期：

㈠休眠期修剪：利用秋冬季節植物生長停止期舉行，便於枝條識別操作，如落葉性植物。但在嚴寒地區，需待低溫期過後再行修剪，以免遭受寒害。

㈡夏季修剪：在植物生長期修剪，可以避免浪費性消耗生長，尤其在幼年樹較爲重要。常用的夏季修剪方法有摘心、除芽、屈枝及撚枝等種。

㈢例行性修剪：病蟲害枝、徒長枝及枯枝可隨時給予修剪。

三、修剪注意事項：

㈠疏剪之剪口位置宜緊靠枝條基部，不宜留木樁。

㈡剪刀之刀口在上，刀座在下（圖 7-5-⑴）。

㈢採用銳利整枝剪，使剪面平滑，剪口芽接近剪面（圖 7-5-⑵），以利早日傷口癒合。

㈣粗大枝條宜用手鋸剪除——三段修剪法（圖 7-5-⑶）。

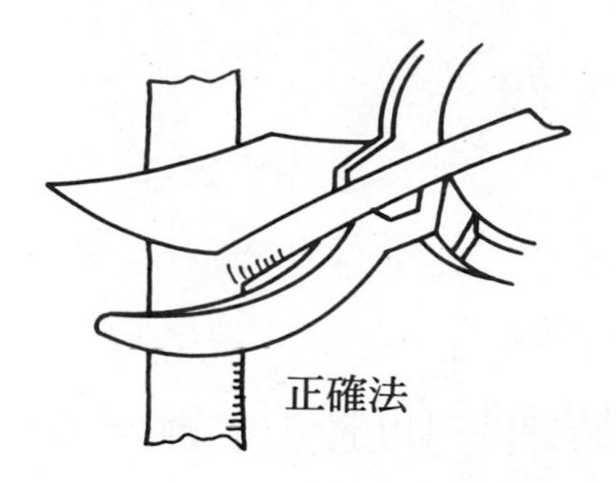

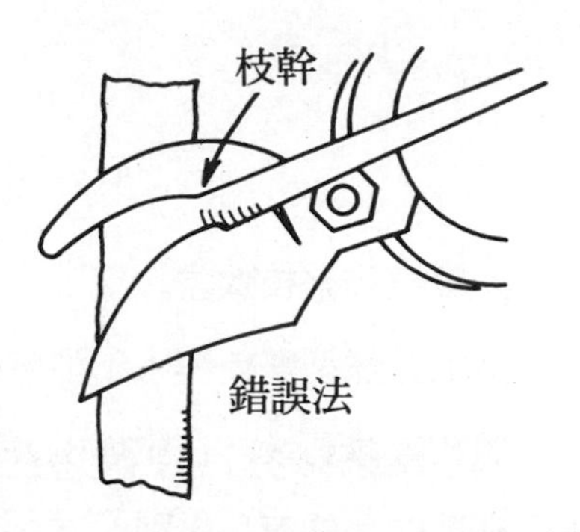

⑴剪刀口位置

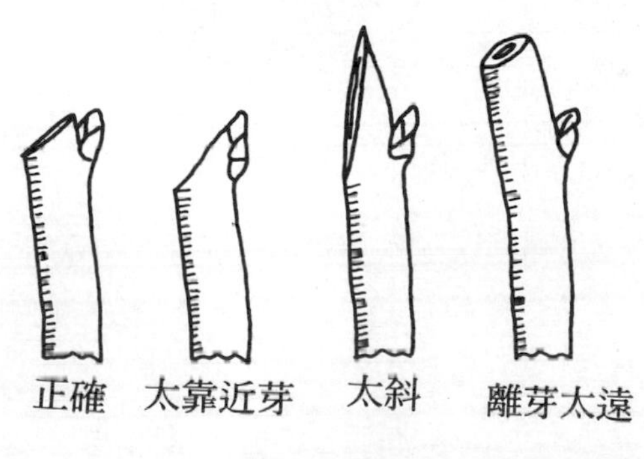

⑵剪口芽位置

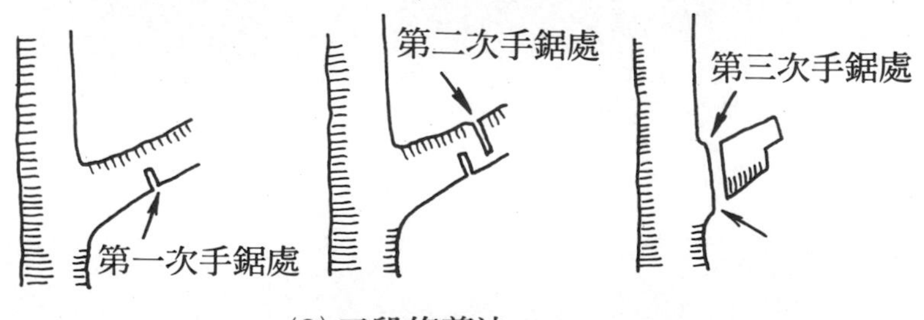

⑶三段修剪法

圖 7-5　修剪法

習　題

一、列舉植物整枝效益。

二、區別自然型整枝與人工型整枝之不同點。

三、植物經修剪後，在生理上會發生那些變化?

四、修剪的目的有那幾種?

五、何謂短剪及疏剪? 在何種情形下採用?

實　習

Ⅰ、題目：短剪及疏剪

Ⅱ、材料：木本性果樹或觀賞樹木若干株

Ⅲ、用具：整枝剪、手鋸、梯、手套及糊狀波爾多液等

Ⅳ、方法：

1.依照個人體型使用適當大小之銳利整枝剪，手握整枝剪，刀口在上，刀座在下，一般剪口宜靠近剪口芽，剪面平滑促使早日癒合，短剪之剪口芽向外，以利樹型開張，疏剪後不宜留下木樁，以防傷口腐爛而造成折斷。

2.粗大枝條宜用手鋸，為防止鋸下枝條傷害樹皮，可採用三段剪口法。第一剪口位在枝條下方，第二剪口位在第一剪口前上方，由於被剪枝條重量而折斷在第一剪口處，第三剪口在不留木樁之基部位置。

Ⅴ、問題：

試列舉短剪及疏剪之效果及功能。

第八章　開花及結果

第一節　影響花芽分化之因素

幼小植物生育進入花芽分化期後,在生理及形態上會起重大改變,梢部生長點由分化莖葉原始體轉化為花芽原始體現象稱為花芽分化,芽體中央部生長減退或停止,分生組織部位呈扁平圓頭狀（如菊花,向日葵)。影響植物花芽分化主要有碳氮比、光期效應、溫度、水分等因素。

一、碳氮比

早在 1918 年在美國的克勞斯(E. J. Kraus)及克瑞比爾(H. R. Kraybill)即認為植物花的發生受植物體內碳氮比控制。在減少氮素供給及光合作用保持旺盛情形下,發生枝葉生長減退及開花旺盛現象。因此施用氮肥及灌溉可以刺激新梢生長,卻會抑制花的發生。也就是說植物體的碳氮比亦即營養狀態會影響番茄的開花情形。

二、光期效應

植物對日照長短生育反應稱為光期性。一般植物對光期效應特性分為三類:

㈠短日性植物:日照短於某臨界長度時方能開花者,例如菊花、鼠尾草、大波斯菊（圖 8-1）及聖誕紅（猩猩木)（圖 8-2）等。

圖 8-1　大波斯菊在短日照情形下開花良好

圖 8-2　聖誕紅（猩猩木）是一種短日性植物

㈡長日性植物：日照長於某臨界長度時方能開花者，例如菠菜、蘿蔔、茼苣等。

㈢中性植物：在任何日長情形下，花均能發生者，例如蒲公英、番茄及一些熱帶性植物，植物的開花主要受溫度的調控。

在植物葉內有一種特別能接受光期訊號之色素稱為光敏素，它對光期的特性有三種：㈠採用少量光行暗期中斷處理，可以阻止短日性植物開花及促進長日性植物開花。㈡在光譜中紅光是產生暗期中斷效應最有效部分。㈢在光譜中紅外光可以完全逆轉紅光反應，換句話說，曝露紅外光後可以逆轉紅光下效應。

三、溫度作用

經過低溫處理的植物，如果能嫁接至未經低溫處理的植物上，可使兩者均開花，因為其中有一種因低溫所產生的物質由處理後植物經過接口傳至未處理植物上。此種植物經過低溫(5°C)處理一段時期後，誘致開花的現象稱為春化作用。

四、水分效應

水分是另外一種影響花芽分化的環境因素，例如杜鵑花在秋季花芽分化季節遭受長期性降雨，將來在春季大部分芽便為葉芽。相同的一些多年生木本性植物在夏秋季乾燥氣候下較在夏秋季多雨所開出的花為多些。這種水分效應與花芽發生時樹體營養狀態有關，在多雨氣候環境下，會減少碳水化合物積聚，往往低至花芽發生所需碳氮比狀態。

第二節 C/N 比率對結果之影響

植物體內碳氮比與其結果有密切關係，哥尼(Gouley)及郝勒特(Howlett)在 1947 年建立蘋果樹體內碳氮比對開花結果模式，並將蘋果樹體營養狀態對其開花結果影響分爲下列四級：

第一級：在含相當氮量及缺乏碳水化合物情形下，枝葉軟弱，不能形成花。

第二級：在含重氮量及稍缺乏碳水化合物情形下，枝葉旺盛，亦不能形成花。

第三級：在含適當碳水化合物及氮供給情形下，可產生豐富花及著果。

第四級：在缺氮情形下，可產生少量花，但是著果困難。

栽培管理作業措施可以影響樹體生育狀態，例如在第二級枝葉旺盛及不能開花狀態給予輕度修剪及節制用氮量處理，可轉變爲第三級開花結果狀態，相反的在第三級開花結果狀態給予重修剪、重氮肥及水分多處理下，可轉變爲不能開花結果狀態。第三級在良好開花結果情形下，如果不修剪，缺水時無灌溉及不施氮肥情形下，就會變成第四級果實產量少或不結實狀態，如果第四級著果少及樹勢差情形下，給予適當修剪施用氮肥及中耕管理，亦會轉變爲第三級開花結果良好狀態。因此樹體內碳氮比可以左右開花結果狀態。

第三節　防治落果之方法

植物花芽一旦形成後，能否全部充分發育，往往變化差異甚大，例如一株果樹每年可以形成15萬朵花，其中大部分花會在開放前脫落，能發育成果實的最多不超過2%。開花不結實原因除樹體營養不良或枝葉生長過旺外，花期不良氣候乃是重要因素，例如花期霜凍或低溫、梅雨、春旱及乾燥熱風等侵害，均會造成落果現象。因此防治落果途徑，除充分給予授粉及受精外，增加樹體營養使受精花朵或幼果獲得必要養分亦很重要。

一、人工授粉

原則上應在果樹開花初期到盛花期舉行，一朵花在開花當日授粉往往最有利於受精座果。授粉品種必須具有親和力強、花粉量大及花期相同等條件，成熟花藥一般在60～80%相對濕度及20～25°C環境下，經過一晝夜即可開藥散粉，亦可在散射光下促使花藥開裂，不致影響花粉發芽率。花粉採集後，可在乾燥及冷凍條件下保存。採下花粉可混加10倍左右滑石粉作填充劑後施用。

二、花期放蜂

在果園內置放蜂群可以提高果樹授粉及着果率，例如放蜂後可使柳橙增產24～26%。一隻全身長滿細毛的工蜂，可攜帶多至5,000～10,000粒花粉，況且果樹每一朵花在花期中往往不只是一隻蜜蜂採訪。蜜蜂是一種常用的授粉昆蟲，果園中置放蜂群數量依樹種、開花量、地形及當地花期的氣候而定，在陰雨或低溫環境下會妨礙蜂群活動。

三、高接授粉枝條或掛罐插花枝

此法爲增加果樹主要栽培品種授粉機會的臨時方法，選用高接或掛罐授粉品種時，採用花期相近能相互授粉材料爲原則，果樹幼年期可配置授粉樹爲佳。

四、合理調整花期前後的田間管理措施

花期所需營養物質大多爲植物體內貯藏性營養物質，因此上年採收後田間管理工作如施肥、灌溉及枝葉保護等甚爲重要，保護枝葉完整以利正常光合作物進行，獲得較豐富同化養分。防止上年（季）結果太多，以利累積較多貯藏養分，可增進繼續花芽發育。另外對於加強在早春施用速效性肥料、灌溉及中耕等管理措施，促使當年新梢提早製造養分，以供提高着果率。在花期噴用 0.3%硼砂，有利於花粉發芽及促進受精而提高着果率，花期後噴用 0.3～0.5%尿素液 2～3 次，可以增加葉片光合效能，提供幼果有機養分，以供果實生育良好。

五、施用生長調節劑，提高着果率

在花期或幼果期噴施生長素可促進幼果發育，增加座果率及吸收養分能力，例如蘋果、柑橘、葡萄等施用激勃素可以促進着果。

六、其他農業措施

採用摘心、環剝（圖 8-3） 等措施可以改變花期前後植物體內營

養輸送方向，暫時抑制枝條營養生長，使一些營養物質優先輸送至幼果以促進着果，例如巨峰等葡萄品種在花前摘除副梢，蘋果及梨等生長旺盛新梢行摘心，均能使其提高着果率。

此外在花果期注意霜害或低溫防範，亦有助於防止落果。

圖 8-3　在印度棗主枝上採用環剝，有助果實發育

習　題

一、何謂花芽分化？在芽體形態上有何特徵？

二、何謂長日性植物？試舉出三例說明之。

三、試述水分效應對開花的影響。

四、成年果樹在何種碳氮比情形下，能順利開花結果？

五、何謂授粉樹？授粉樹須具備那些條件？

六、試以植物體內營養狀況說明開花結果的原因。

實　習

Ⅰ、題目：人工授粉

Ⅱ、材料：椪柑花粉，柳橙花朵

Ⅲ、用具：玻璃皿、解剖剪、毛筆、防水紙套及掛牌等

Ⅳ、方法：

1. 花粉準備，在晴天中午選取正開或將開椪柑花朵，刷取或割取花粉粒於玻璃皿內，待花藥內花粉散出（20～25°C一晝夜即可散出花粉）。
2. 選取將成熟柳橙花朵，利用解剖剪剪去花瓣內所有雄蕊（除雄），再用防水紙套包住，待授粉用。
3. 將在玻璃皿內散出花粉粒，使用毛筆沾取，塗在柳橙柱頭上，亦可用手握住已除去花瓣及花藥散出花粉之花朵，直接將花粉塗在雌蕊柱頭上，完成授粉工作。
4. 將防水紙套及掛牌套掛回授粉後花朵上，待7天後觀察子房發育狀況。

Ⅴ、問題：

在何種情形下植物需要人工授粉？

第九章　品種改良

第一節　引種及選種

一、引種

植物育種乃是採用具有遺傳變異性品種作育種材料，某一種植物遺傳變異性最大來源與其在地球上的起源中心有關，在這變異中心便可開發利用所存在的不同基因，將這些密切相關的植物之遺傳變異性結合作染色體操作技術，例如番茄中最寶貴的抗萎凋病及葉灰黴病基因是來自野生在南美洲秘魯的番茄品種。

重要的園藝作物起源中心有㈠中國：例如大豆及豆類、竹、十字花科植物、洋葱、萵苣、茄子、瓜類、東方梨、柑橘及柿等。㈡亞洲南部：一在印度附近熱帶果樹例如芒果、檸檬及甜橙等，一在中南半島：例如香蕉、可可、椰子、肉荳蔻及黑胡椒等。㈢亞洲中部：例如豌豆、蠶豆、胡蘿蔔、蘿蔔、蒜、菠菜、胡榛子、杏、西洋梨及蘋果等。㈣小亞細亞：例如櫻桃、石榴、胡桃、杏仁及無花果等。㈤地中海沿岸：例如西洋橄欖等。㈥阿比西尼亞(衣索比亞)：例如咖啡及黃秋葵等。㈦中美洲：例如玉米、南瓜、甘藷、番木瓜及可可等。⑻南美洲：例如番茄（圖 9-1）、莢豆、馬鈴薯、鳳梨等。

圖 9-1 南美洲原產野生小番茄

從外地引入植物新種類或品種，以供經濟栽培或作育種材料，在作物改良計畫中雖具有縮短時間及節省經費之優點，但須注意該種類適應性及檢疫方面的規定。在引種過程中，先搜集或索取有關植物種類或品種資料，採用向國外試驗場所或種苗公司購買或交換，亦可向起源中心調查採集。引種後將材料編號，記錄其性狀及生育狀況，作適當觀察評估，擇其適應者給予馴化，以供將來繁殖推廣應用。

二、選種

植物育種者面對許多不同的基因個體群，設法認可或留下最有希望的個體，即爲選種。選種過程依照植物授粉方式及繁殖方法的不同而有異：

㈠自花授粉作物選種法：由單一個體經自花受精所繁殖之後裔，在一族群中可分離出許多純系，一純系之各個遺傳構成均相同，然而異花授粉植物以人工繼續自交多代後，亦可育成純系。如在育種學上所用單株選種法。然而集團選種法（混合選種法）將每代就一品種集團內，選取最理想型個體，混合其種子以供次代種子繁殖用，再在此種子區內選取若干最優良個體，混合其種子，後供下代種子區栽培用，有些作物可配合機械篩選，例如種子大小、採收期及成熟期等性狀，經過6～10代後，可選出同質基因型個體，在明確後裔試驗中育成新栽培品種，此法可作純化品種或維持品種純度用。

㈡異花授粉作物選種法：由於相同親本後代而互相交配（近親交配）易失去強壯生長勢，集團選種法能使雜交育種族群可見特性變爲較爲均匀，亦可保存強壯生長勢。自然間交互授粉對近親交配是不適宜的。集團選種常對異花授粉植物改良較爲迅速，然而有時對於增加遺傳獲得量較爲困難，爲使異花授粉族群能控制基因型，純系及集團選種可以混合使用，在於後裔相互間授粉可以恢復異型接合性，例如母本由純系選出及父本由集團選種方法。此種異交植物能使得一些不適應品種逐漸適應或可使性狀逐漸走向選種方向的效果。例如由梅實生變異中選出胭脂梅品種（圖9-2）。

㈢營養系作物選種法：採用無性繁殖法選種，例如果樹或觀賞植物所採用的選種法。在無性繁殖作物族群中，選拔優越或特異的植株或部分，分別以無性繁殖法育成營養系，互相比較，淘汰劣種而留下良種，以達到獲得優良栽培品種的目的。例如果樹優良品種育成法，在果園中尋找具有優良特性（例如果實無子或含糖量高等）枝條，選

圖 9-2 梅實生變異選出栽培品種——胭脂梅

取其芽或枝嫁接於具有親和力的根砧上，比較其適應性及商品性，再選拔育成新的栽培品種，例如柑橘之早生溫州即由溫州蜜柑所選出育成的新品種。按營養系選種多由體細胞突變而來，但其發生頻率不高，甚至亦會發生劣變，因此維持品種優良性狀，選種工作不可不注意。但是變異性狀（如果實大小、產量多少等）多由環境因素決定（例如肥料種類用量及土壤狀況等），而不能遺傳。

第二節 雜交育種

雜交育種的目的在組合不同品種之優良性狀和遺傳因子於一體，以育成優良品種。依據遺傳定律及一定計畫獲得所希望的性狀之組合，不但將兩親品種二個性狀組合在一個新品種，並可育成超過兩親性狀

圖 9-3　多倍體萬壽菊

圖 9-4　多倍體豔紫荊

之新品種。例如多倍體萬壽菊（圖 9-3）及豔紫荊（圖 9-4）等。雜交育種方法甚多，在園藝作物常用及較重要的雜交育種技術有回交法及雜種優勢利用二種。

一、回交法

取作物品種 A 作父本，品種 B 作母本，將其交配後的品種再回交於 A 或 B 的方法，稱爲回交法。在作物育種技術中，常有一優良品種僅缺一、二優良特性(例如抗病性及雄不稔性等)，欲由其他品種或物種引入此種特性，同時不減該品種原有的優良性狀，就可用回交法。在回交育種法中，首先選擇欲行雜交親本 AA 及 aa 行雜交：

AA×aa⟶ Aa

回交有兩種型：Aa×AA⟶ 1 Aa：1 AA（AA 爲輪迴親，aa 爲非輪迴親）

Aa×aa⟶ 1 Aa：1 aa（aa 爲輪迴親，AA 爲非輪迴親）

與自交比較：Aa×Aa⟶ 1 AA：2 Aa：1 aa

於回交中，一半基因變爲同型，回交回到同型結合性速率如同自交，但是所有同型基因類似輪迴親。如果繼續回交至 6～10 代，就有 95%雜交種基因等於輪迴親及同型狀態。回交法常用在自花授粉作物，亦可增進異花授粉作物自交系。如甜瓜之抗白粉病育種，金魚草之抗銹病育種，及番茄之抗萎凋病育種等均爲回交育種法實例。

二、雜種優勢利用

兩個不同品種，種或屬行雜交，其第一代雜種(F_1)生活力、生產力、對病蟲害或不良環境之抵抗性較親本增強現象，稱爲雜種優勢。發生原因可能由於兩親本聚合顯性遺傳因子於雜種，或遺傳因子異接合時，其對立因子起相互作用之結果。在商業上育成雜種方法有下列四種：㈠單交雜種：自交系與自交系雜交，乃一般雜交方法。㈡三交雜種：第一代雜種與自交種雜交，多用在甜玉米等作物。㈢雙交雜種：第一代雜種與第一代雜種雜交，可產生生長勢旺盛植物。㈣頂交雜種：自交系與一般栽培品種雜交，例如用在菠菜種子。一種自交系產生良好雜種優勢能力，稱爲組合力，組合力之大小，一般以其雜種產量估計之。

實際上利用雜種優勢之作物需具有下列條件之一：㈠具有種子數極多之作物，如茄、番茄、甜椒、瓜類、矮牽牛及金魚草等。㈡雌雄異花或雌雄異株植物，例如瓜類或甜玉米爲雌雄異花作物，菠菜或蘆筍爲雌雄異株植物，可省去去雄工作，利用自然雜交而獲得種子。㈢雄不稔性利用，例如番茄、胡蘿蔔、甜瓜、甜玉米及洋葱等均發現有雄不稔性，雜交工作較爲方便。㈣可利用營養繁殖作物，例如果樹類，馬鈴薯及一些球根性花卉等，常育成一代雜交種後，可利用營養繁殖法增殖其數目。

第三節　無子品種之育成

有些作物在三倍體情形下，可以產生不稔性種子而育成無子品種，例如無子西瓜育成技術。

在生物細胞內有一定數目的染色體構成染色體組(genome)，如普通西瓜生殖細胞染色體組具有 11 個染色體（X＝11），或稱爲單倍體，例如卵細胞或花粉細胞之雌配子或雄配子。體細胞染色體數爲 22 個（2 X＝22），或稱爲二倍體。採用秋水仙素處理二倍體西瓜之種子或幼苗生長點，可使二倍體細胞內染色體加倍，變成四倍體（4 X＝44）。再以四倍體西瓜作爲母本，二倍體西瓜作爲父本，雜交後，在四倍體果實內種子染色體爲 33 枚的三倍體(3 X＝33)。採用三倍體種子種出來的西瓜植株上卵細胞和花粉粒爲不稔性，缺乏生殖能力，胚珠不能受精發育成正常種子，形成白色小粒退化種子，一般稱爲無子西瓜。如果在栽植無子西瓜的同時，栽植二倍體普通西瓜作授粉品種，在有利授粉情形下，能刺激雌花子房，可發育形成正常種子。

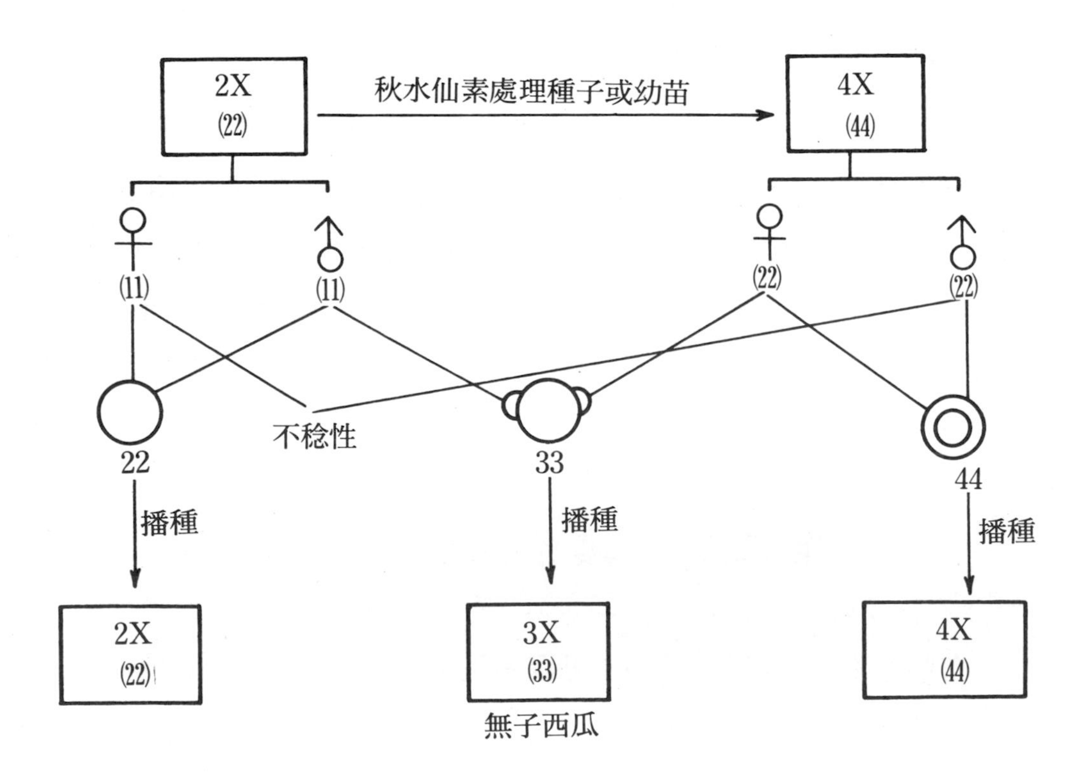

圖 9-5　無子西瓜育成模式圖（X＝染色體組）

習　題

一、何謂遺傳變異性？在品種改良上有何用處？

二、試列舉園藝植物八大起源中心及其原產植物。

三、試述園藝植物引種技術及注意事項。

四、何謂營養系作物選種法？可用在那些園藝植物，試舉例說明之。

五、何謂輪迴親？在回交法中特點何在？

六、何謂雜種優勢？在園藝植物利用上優點何在？

七、園藝植物須具有那些條件採用雜種優勢才有利？

八、無子西瓜為何具有不稔性種子？如何育成無子西瓜？

第十章　植物生長調節劑之應用

由植物本身形成或經人工合成，具有影響植物生長及發育的物質，稱爲植物生長調節劑。依其化學構造及在生理上的相同性可分爲㈠植物生長素類(auxins)：它是一種促進植物生長的荷爾蒙，可改變細胞壁可塑性，具有延伸細胞長度功能。使用效果視生長素濃度而定，最普通的植物形成生長素，就是吲哚乙酸(indoleacetic acid，簡稱IAA)。㈡激勃素類(gibberellins)：它亦是一種植物本身可以形成能刺激生長的化學物質，具有對於枝條近頂端分生組織產生細胞擴大及分裂的功能。施用少量激勃素可將矮性叢生豆類轉變爲直立性，將矮性玉米轉變爲正常大小植株，可誘致無子果實形成(圖 10-1)，並將一些小粒無子葡萄轉變爲大粒種葡萄。㈢細胞分裂素類(cytokinins)：在酵母中可抽出可以刺激細胞分裂之開寧素(kinetin)，人工合成種類有苯腺嘌呤(benzyladenine，簡稱 BA)，可刺激木本植物新梢發生。細胞分裂素與植物生長素有相互影響作用，在高量植物生長素及低量細胞分裂素情形下，可以促進根發育，在低量植物生長素及高量細胞分裂素情形下，可以促進芽發育，在兩者同量情形下，會產生不分化生長現象。細胞分裂素在果實及種子內含量豐富，例如在玉米及可可椰子之胚乳內均含有此種。㈣乙烯(ethylene)：成熟蘋果或香蕉會產生乙烯，可使莖皮部裂開或剝落。人工合成已商業化之益收生長素(Ethephon, 2-chloroethyl phosphonic acid)，用在植物上可轉變爲乙烯，可誘

圖 10-1　無子枇杷

致鳳梨及番茄果實成熟期整齊，亦可誘使胡瓜雄花轉變爲雌花。㈤離層酸(abscisic acid)：植物本身可以產生抑制性化合物，它可影響芽及種子休眠及離層發生，亦可促使一些短日型植物開花。㈥抑制劑類(inhibitors)：包括一些自然及人工合成生長調節劑，在植物本身發生抑制劑控制種子發芽、新梢生長及休眠作用，一些人工合成抑制劑在農業中常被利用，例如抑芽素(maleic hydrazide，簡稱 MH)有效阻止馬鈴薯及番茄在貯藏期發芽，福絲豐(phosphon, chlorphonium chloride)及克美素(chlormequat)已用來降低許多觀賞植物高度，不會影響開花時間及花形大小。亞拉生長素(daminozide)是一種抑制激勃素功能生長調節劑，亦可增進移植後成活率。茲介紹臺灣省政府農林廳頒佈的植物保護手册中，植物生長調節劑在園藝作物中採用的技術：

第一節 果樹栽培之應用

一、梨之落果防止

採用22%萘乙酸鈉10,000倍溶液，在果實成熟前二星期，將藥劑全面均勻噴用一次，但須注意勿重覆噴施，以免妨礙果肉成熟，但在樹勢衰弱或結果過多樹，防止落果效果較差。

二、梨之催熟

㈠採用2.7%激勃素糊狀劑，在盛花後30～40日於每果之果梗部位均勻塗抹本劑20～30毫克，使用一次即可，但須注意勿塗及果實。勿過量使用，以免發生藥害，施用後果實可提早成熟，應注意適當時期採收。

㈡採用39.5%益收生長素6,000～7,000倍稀釋液，在採收前45～60日均勻噴至果實表面至濕潤爲止。但須注意勿過量施用，以免發生葉片黃化或提早落葉現象，對於樹勢衰弱或結果過多果樹，避免施用，以防發生落葉及落果，施用時期勿過早，以免影響果實品質。

三、鳳梨之生長調節

採用98%萘乙酸鈉可溶性粉劑10,000倍稀釋液，在果實成熟前6～10星期施用，每果表面均勻噴射本藥劑20公撮，可避免因乾旱引起果梗折斷，並可增加果重，延遲成熟期而能調節產期。

四、鳳梨之催熟

採用 39.5%益收生長素 250～500 倍稀釋液，在最早熟果成熟前一星期，將藥液均勻噴佈於果面，每果施用約 20 公撮；它可促進果實成熟及減少採收次數，但須注意外銷果實不宜採用，如果過早施用可能減輕果實重量。

五、葡萄之生長調節

㈠採用 69.3%克美素液劑 1,500～3,000 倍稀釋液，在萌芽後 20 日左右，即葉片 6～10 片時，均勻噴灑於新梢上枝葉及花穗上。可抑制葡萄枝條徒長及提高座果率，但須注意園地肥力高或葡萄生長旺盛時，宜採用較高濃度，植株生育中等時，可施用低濃度藥液。

㈡採用 39.5%益收生長素溶液 5,000～6,000 倍稀釋液，在果穗有 3～5 粒開始著色時，均勻噴施在葉面及果實上，可促進果實催熟及催色。但須注意在著果量過多或樹勢衰弱情形下，噴施後易引起落葉及落果。在棚上以噴施新梢爲宜，在新梢生長量少時，應減少施藥量。

㈢採用 49%氰滿素(cyanamide)溶液 20 倍稀釋液在葡萄修剪後，將藥劑均勻噴於蔓上潤濕爲止，可促進葡萄提早萌芽，並使萌芽整齊以利管理。但須注意在施藥前田間應灌水，在 1～2 月施藥時，應選擇較高溫之晴天施藥，此藥不宜與其他藥劑混合使用，施藥者在 24 小時內不得飲酒。

六、葡萄之發根促進

採用 0.4%根生長素(NAA)粉劑，將插穗基部約 3 公分浸濕，再塗抹0.4%根生長素於插穗基部後扦插，10公克處理100～200支插穗。

七、無子葡萄之生長調節

採用10%激勃素片劑3,000倍稀釋液，在開花後6日施藥一次，可促進無子葡萄生長及增加產量，須注意此濃度稀釋液適用於無子品種，將果穗浸入置藥液容器內，使果穗全部濕潤爲止。

八、蘋果之生長調節

採用3.6%勃寧素混合溶液(gibberellin＋6-benzyladenine)500～1,000倍稀釋液，在蘋果盛花期將藥劑噴在花上，可提高蘋果產量及改善果形，但須注意勿施用在6年生以下幼年樹，施藥量以噴至全樹濕潤爲度。

九、荔枝之促進座果

採用9.8%番茄美素(CHPA-Na)溶液6,000倍稀釋液，在始花期至盛花期均勻噴至花穗上，可防止荔枝落果及提高座果率。本藥劑加用展着劑效果佳，施藥量以在花穗上不形成藥滴爲原則。

第二節　蔬菜栽培之應用

一、甘藍、白菜及番茄之生長調節

採用0.02%移植生長素(NAD)粉劑2,000倍稀釋液，在幼苗移植前2日，將藥液噴射一次，每平方公尺施用藥液5公升，或採用該藥劑 1,000～2,000 倍稀釋液，將幼苗根部浸入藥液內 1 小時後定植。可助根部發育及移植成活。

二、番茄之生長調節

採用 0.15%番茄生長素(4-CPA)溶液 50～100 倍稀釋液，在花穗上 2～3 朵小花開放時，將花穗浸入藥液後取出即可，可使番茄果實增大，提高座果率，增加產量及改善品質。但須注意藥劑稀釋液宜置放陰涼處，在高溫季節採用 100 倍稀釋液，低溫季節則用 50 倍稀釋液。

三、加工番茄之生長調節

採用 39.5%益收生長素溶液 2,000～3,000 倍稀釋液，在最後二次採收前，將藥液均勻噴施於全株，可促進加工番茄之成熟，並可縮短採收期間及採收次數，但須注意在較高氣溫時，採用 3,000 倍稀釋液，宜在下午溫度低濕度高環境下施用，藥效較顯著。

四、胡瓜之生長調節

採用 1.95%果收生長素(sodium nitrophenol＋Sodium dinitrophenol＋Sodium nitroguanidine)溶液 6,000 倍稀釋液，在生長期及開花前，將藥液噴施於葉面 2～3 次，可促進瓜果發育及防止落花及落果。

五、菠菜、芹菜之生長調節

採用 3.1%激勃素可濕粉劑 300～600 倍稀釋液，在採收前 3 星期，將藥液噴用在葉面，或採用 2%激勃素 400 倍稀釋液同樣施用，均可促進菠菜及芹菜生長。須注意在下午天氣轉陰涼及濕度高環境下，施用效果較顯著。

六、南瓜之生長調節

採用 5%萘乙酸鈉片劑 150～200 倍稀釋液，在開花當天用毛筆將藥液塗抹在雌花柱頭上，可促進南瓜結果及提高產量，以在上午 8～10 時處理效果較佳。

第三節　觀賞植物栽培之應用

一、提高盆栽菊花之品質

採用 69.3%克美素液劑 200 倍稀釋液，在定植後三週噴佈葉面，同時以 100 倍稀釋液灌注土壤，每株灌注約 100 公撮（以五寸盆爲一株標準），每二週施用一次，連續三次，可使植株壯健，增大花冠及增進花色鮮麗。

二、花卉扦插生長調節

採用 0.5%吲哚丁酸（IBA）粉劑沾附在插穗基部，或者採用 0.4%吲哚丁酸溶液 2～5 倍稀釋液浸漬插穗基部 20 秒鐘後，再予扦插，可促進花卉發根。

第四節 防除雜草之應用

有些苯氧型或生長素型物質, 例如 2, 4-D 對某些植物會引起特殊生理代謝作用, 被選作選擇性殺草劑用在田間。但在高濃度用量下, 生長素型殺草劑會對植物產生藥害, 因此需注意其施用濃度。2, 4-D 殺草劑通常用在甜玉米園內, 亦可用在草地中殺死濶葉類雜草。施用殺草劑時, 除需注意施用濃度外, 施用後器具需洗滌乾淨或使用專一器具, 以免遺留藥劑傷害其他作物。

習　題

一、何謂植物生長調節劑？它可分爲幾種？

二、試述葡萄之發根促進使用生長調節劑方法。

三、試述番茄之生長調節使用生長調節劑方法。

四、試述提高盆栽菊花之品質使用生長調節劑方法。

五、試辨別下列園中雜草植物性狀：

㈠滿天星　㈡野莧　㈢龍葵　㈣馬齒莧　㈤珠仔草　㈥馬唐草　㈦鬼針草

㈧霍香薊　㈨節節花　㈩鵝兒腸　⑾山芥菜　⑿鼠麴舅等

六、施用殺草劑應注意那些事項？

實　習

Ⅰ、題目：植物生長素配製

Ⅱ、材料：萘乙酸 naphthalene acetic acid(NAA)，蒸餾水及酒精等

Ⅲ、用具：精密天秤，1,000 毫升及 100 毫升量液瓶

Ⅳ、方法：

1. 欲配製 NAA 400 ppm 1.8 公升。
2. 先在精密天秤上秤取 1 g NAA 藥劑，置於含有少量 75%酒精燒杯中，待完全溶解後，倒入 1,000 毫升量液瓶中，並用洗液瓶蒸餾水沖洗在燒杯中NAA殘留液，再加蒸餾水入量液瓶至 1,000 毫升為止，獲得 NAA 1,000 ppm 母液。
3. NAA 400 ppm 液調製法：

1,000 ppm:400 ppm＝1.8 公升:x

$x=\frac{400\times 1,800}{1,000}=720$ 毫升…………需用 NAA 1,000 ppm 量

1,800 毫升－720 毫升＝1,080 毫升需用蒸餾水量

Ⅴ、問題：

如何配製 NAA 1,200 ppm 1.8 公升稀釋液?

第十一章　特殊栽培法

園藝作物多採用規模較小及集約性栽培方式經營，亦就是說，在單位土地面積內，投以較多資本、勞力及技術，獲得較高經濟價值產品，欲充分發揮地利，善用人力改善天然環境，得以增加產量，提高品質，甚至調節產期，配合市場需要，達到獲得較高經濟效益。因此特殊栽培中促成栽培、軟化栽培、養液栽培及網室栽培等在園藝作物經營中成爲重要的栽培技術。

第一節　促成栽培

以人爲方法改變作物正常生長季節生產，稱爲促成栽培。目的在調節作物產期，避免生產期集中、產品滯銷及價格低落現象。促成栽培所需生產費較高，多用在經濟價值高的園藝作物。

一、果樹之促成栽培

㈠巨峰葡萄冬季生產

本省中部平地一帶夏季巨峰葡萄花芽形成後，在 8 月上中旬舉行修剪工作，約在 9 月上中旬便可開花，12 月下旬至翌年元月中旬，便可獲得顏色較深及糖酸度均高的冬季葡萄。在栽培期間須注意上期葡萄產量、病蟲害防治、葉片保護疏果套袋及肥培等田間管理技術，才能獲得高品質果品。

㈡高接溫帶梨栽培

利用本省栽培在中低海拔地區橫山梨上直立或徒長枝作根砧，在12月中旬至元月下旬，以由溫帶地區或高山地區帶來具有花芽之高經濟價值品種枝條，例如新興、幸水、豐水及新世紀等作接穗行高接工作，在2月上、中旬便可開花(圖11-1)，在6～7月就可收穫高接梨，

圖 11-1　新世紀梨高接在橫山梨上

較一般橫山梨或本省高山溫帶梨收穫期約早兩個月，經濟價值亦較高。然在栽培期間，須注意嫁接、授粉、疏果套袋及肥培等田間管理技術才易成功。

㈢蓮霧冬果生產

在蓮霧生長季節採用斷根、浸水或化學藥劑處理，抑制新梢抽出及徒長，產生催花（白露花）效果，經過田間疏果肥培等妥善管理工

作，可在翌年 1～2 月提早生產大粒、顏色及風味均佳之高品質果品。

㈣其他果樹

例如番石榴或荔枝修剪處理，荔枝樹幹環狀剝皮、斷根及乾旱處理，芒果剪穗及環剝處理，印度棗修剪及藥劑處理等均有產期調節成功的實例。

二、蔬菜之促成栽培

㈠提早草莓產期

取用春季草莓品種在假植育苗期，採用短日或遮光及斷根處理，可以在 11 月上旬開花，12 月上旬便可採收，較不處理的草莓提早 14～21 天，產量提高 12～30%，可獲得較高的經濟價格。

㈡塑膠布隧道式栽培蔬果

在多季或氣候寒冷地區，採用塑膠布鋪設在弓形架上，泥土壓封

圖 11-2　塑膠棚內通風措施

隧道兩側，溫度高時可穿孔或打開兩側以利通風(圖 11-2)，可供冬季生產綠蘆筍或網紋甜瓜，均可獲得提早收穫效益。

三、花卉之促成栽培

㈠菊花短日處理

菊花經過一段營養生長期後，採用 7～21 天短日照處理，再於離植物 150～170 ㎝高度，以 40～100 W 光度的照明經 5～25 天後，可以增加植株高度、葉面積及開花數。

㈡蝴蝶蘭溫度處理

蝴蝶蘭在適當日夜溫(30／25°C)、光線、水分及營養液下，經一段營養生長期後，再採用日夜溫（25／20°C）處理可以誘致花梗抽出及花芽分化，再經過日夜溫（30／25°C）一段時期後，可促使花器形成而提早開花。

第二節　養液栽培

養液栽培（圖 11-3）是一種無土設施栽培技術（圖 11-4），它包括水耕 (圖 11-5)、水氣耕、噴霧耕、砂耕、礫耕及岩棉栽培等方法，利用人工調配營養液供作物生長的栽培方式。二次大戰後，駐日美軍曾在日本設立礫耕栽培場，生產萵苣、番茄及胡瓜等生鮮蔬菜，近年來栽培者採用薄膜養液栽培技術(nutrient film techniques, 簡稱 NFT)及水耕栽培技術生產葉菜類、果菜類、芽菜類及花卉等。世界上養液栽培最發達的國家爲荷蘭，栽培面積已在 2000 公頃以上，其他國家如英國及日本等養液栽培面積亦不少，我國已有養液栽培試驗研究，

圖 11-3　養液栽培網紋甜瓜

圖 11-4　在日本千葉溫室設施內栽培蔬菜

圖 11-5　水耕栽培蔬菜

所生產小白菜、萵苣、胡瓜及芽菜類等在市場上已商業化。

一、薄膜養液栽培

採用含有植物所需養分的循環水流，經過完全裸露之根系，而提供植物生育所需之水、氧及養分。裝置設備需有養液槽，抽送養液至栽培槽所需之馬達，具有斜度的栽培槽多枚，以利養液流動至回收管，回收管內養液送回接收桶，設立監控系統以維持養液 pH 值、水位及溫度等。本栽培方式優點有：⑴根部獲得良好生育環境，例如水較淺，根系可接觸空氣而不致缺氧，根溫可調節。⑵養分供應可配合植株生育階段所需。⑶可作高密度周年生產。⑷可使用自動化儀器及電腦操作而節省人力。缺點有：⑴生產成本及技術層面較高。⑵根部疾病傳染快等。此種無土栽培系統頗適合由於氣候與土壤均不適合傳統栽培的地區，例如在中東地區已成功利用栽培出香瓜、花卉及沙拉蔬菜等。該系統種植短期作物如葉菜類，較種植長期作物如果菜類較易成功，由於整行植株具有移動性，有利機械化管理及種植空間利用。

二、岩綿栽培

岩綿由玄武岩、石灰岩及焦碳爲原料，經由高速旋轉而形成纖維狀，再以樹脂處理後，使其成爲安定性與親水性佳之栽培介質。由於具有高度孔隙率，可以保持相當高的水及空氣，且在高溫下製成，乃是一種無菌介質。主要栽培方式有兩種：

㈠岩綿袋法：將岩綿袋排放在覆蓋塑膠布上，將育苗後的岩綿塊定植於岩綿袋，培養液滴灌於植株旁，多餘培養液由岩綿袋下方裂縫排出，此方式適用在胡瓜、番茄、甜椒及茄子等作物栽培。

㈡栽培槽法：以保麗龍作原料製成栽培槽，槽內放置岩綿條或岩綿塊，槽內經常保持 1～2 公分深度培養液供給作物生長用。該法須注意培養液配製、灌液及排液裝置，以電腦控制資料系統更爲理想。

三、植物工廠

利用高科技栽培方式，配合電腦調控設備，將作物栽培在密閉工廠內，廠內二氧化碳、氧氣、濕度、肥料及光照等均加以監控，使作物不受大氣季節性影響。由於作物獲得各種生長所需條件，生長速率快，產量豐富且安定性高。目前在植物工廠內之栽培系統仍以水耕栽培爲主（圖 11-6），如能作計畫性生產，降低生產成本及開闢產銷管道，仍有發展潛力。

圖 11-6　大規模水耕栽培工廠

第三節　軟化栽培

植物雖在缺乏光線下，仍從其貯藏器官（種子或地下莖等）內獲得養分，但其植物纖維或葉綠素形成困難，而使其長成幼嫩細長而改進品質之栽培措施，稱爲軟化栽培。在園藝作物中韭菜、蘆筍、芹菜、竹筍及豆芽菜等均採用培土或不透光物體在不透光情形下栽培，目的在獲得柔嫩之高品質產品，此種軟化生長現象與作物體內植物生長素合成及分佈有密切關係。

今以韭黃育成爲例，選取已養成的壯健韭菜植株，在完全遮光或黑暗環境下生長，軟化期溫度以20～25°C，濕度以85%左右爲宜，選在晴天齊地面割去韭菜地上部，搭立弓形竹架或鉛管鐵架，架高約35～40公分，上蓋稻草蓆2層，作覆瓦狀覆蓋，支架兩端須用兩層草蓆包好，形成不透光隧道棚。目前草蓆仍爲軟化韭黃較實用的覆蓋材料，它不但有遮光作用，且不易吸熱傳熱，因此棚內溫度不會太高，具有適度通氣性，濕度也不會太高，並且生產成本較低。在風大地區或季節，可用土塊或繩索扣壓住，在雨多季節或地區，可用柏油紙或不織布作防雨覆蓋材料。過去有人採用竹筒，倒扣在已割去的韭菜植株，筒口稍入土中，筒頂壓上磚石或筒內先主支柱，以防竹筒倒伏，此法現今多用在家庭軟化栽培中，近年來亦有人採用瓦楞紙箱作軟化覆蓋材料，但只能在乾旱季使用。在高溫期約經過6～7天，低溫期10～15天後，就適於收割。收割韭黃宜在晴天土壤稍爲乾燥時，可以減少韭黃腐爛，收割後韭黃可用清水漂洗風乾，在包裝及運輸途中應避免日光直射，以免變色老化。軟化收割後植株宜施用追肥一次，使其在露天下生長，約經2個月後可再軟化。軟化收割後四次即需植株更新。

第四節　網室栽培

網室栽培亦是一種設施園藝，栽培者可在框架下操作經營（圖11-7）。遮陰不但能降低強光及溫度，由於減少地面蒸發作用及植株蒸散作用，亦可減少水分需要量。常用在繁殖用苗床、清潔蔬菜栽培及一些喜陰室內觀葉植物(例如蕨類、天南星科及蘭科等)。現今多用塑膠網作遮陰材料，網孔大小及顏色依植物種類所需光度而定。在多雨地區室頂有加用透明塑膠防雨棚之必要，以保護植株免受損傷及促進生長良好。如能在網室兩側設置通風及降溫設備更爲理想。

圖 11-7　在塑膠棚下遮陰栽培

習　題

一、試述園藝作物採用特殊栽培之目的。

二、試述高接溫帶梨之技術方法。

三、試述蔬果採用塑膠隧道栽培之技術及注意事項。

四、試述蔬菜軟化栽培之原理及技術。

五、何謂薄膜養液栽培？優劣點何在？

六、何以網室栽培在本省氣候下較受歡迎？

實　習

Ⅰ、題目：韭黃製作

Ⅱ、材料：在畦內生育健壯韭菜植株

Ⅲ、用具：瓦鉢或竹筒（高 30 ㎝×直徑 15 ㎝以上）

Ⅳ、方法：

1. 選晴天齊地面割去青韭，存留地下部。
2. 將一端封閉，一端開口之瓦鉢或竹筒，倒扣在已經割過韭菜株上，並將筒口稍壓入土中，以防透光，在頂端壓一土塊或磚石，以防倒伏。
3. 高溫期經過 6～7 天，低溫期經過 10～15 天後，韭黃即適於收割。

Ⅴ、問題：

試述韭黃製作原理。

第十二章　灌溉及排水

第一節　灌溉之重要性

灌溉與農業事業發展有密切關係，尤其以在半乾旱亞熱帶氣候地區爲然，著名的埃及、巴比倫及中國文化皆起自古代有灌溉的農業地區。如今合理性灌溉作業是園藝技術之一種，決定何時灌溉或供給多少水量成爲灌溉重要問題。例如當在菜豆開花及幼莢形成期，若土壤乾旱缺水，會引起落花及胚珠退化，將嚴重降低豆莢大小及產量。

欲得知植物對於灌溉需要性有兩種方式：一爲測定土壤有效性水量，另一爲從氣象資料中推算有效性水量。因爲園藝作物對於水分利用與氣候狀況、土壤覆蓋及根群深度有密切關係，並不是所有灌溉水均可供作物利用，灌溉用水量視灌溉效率而定，亦就是眞正變爲作物有效消耗用水量。

第二節　灌溉之方式

灌溉是園藝作物管理作業中重要技術，如何將水供給作物有效吸收利用，乃是一重要問題。一般灌溉方式有下列四種：

一、地面灌溉：將灌溉水直接引入田間，將土壤作爲蓄水場所。

特點在地形須平坦及小心控制水量，並須設置排水溝，排除過多水分。地面灌溉並可分爲漫灌法或溝灌法(圖 12-1)兩種。該法雖具有所需動力少及蒸發所失去的水較少等優點，但在進水口附近有沖刷現象，且排水後可溶性養分會流失及發生沖刷淤泥等缺點。

圖 12-1　西瓜田溝灌法

二、地下灌溉：須在控制地下水位及不透水土層情形下採用。灌溉水在地下管內流出，由毛細管作用向上供給作物水分，多用在平地及下層有底盤土層地區。

三、噴洒灌溉：在設有配管、聯結器、噴頭及壓力下作細雨狀灌溉。該法具有沖刷少及可用在坡地或複雜地形的優點，但設備費高，在多風處使用困難。

四、滴水灌溉：採用分枝細管將水緩慢而少量點滴入盆內或單株植物。該法可裝置計時器或感應器作自動化供水或養液(圖 12-2)，優點在節省用水量、沖刷少及可用在坡地，同時在點滴區外雜草不易滋生，但有設備費高及需經常維護以防噴口阻塞之缺點。該法多用在乾旱及勞力或灌溉水昂貴地區。

圖 12-2　苗床滴水灌溉法

第三節　排水之重要性及方法

排水是排除土壤內過多的重力水，防止過多水分腐壞根部、影響養分的吸收和妨礙種子發芽等，是園藝作業的重要工作。在良好自然的排水情形下，地面及土壤過剩水分會快速流至溝渠及河流中。有些地區排水不良之原因，是由於土壤內的不透層阻止水向下滲透，增高地下水位，造成積水現象。另外低窪地或河水氾濫等亦會造成排水不良現象。避免洪水氾濫可設立堤防或控制水流動率，限制過多水分流入，對於一些沼澤排水不良好地區，釐定排水開拓措施，可規劃成休閒遊憩地區。

除去過多水分可用地面排水或地下排水方法。地面排水可建立地面坡度，以排除過多水分。地下排水可建造明溝或暗管，截斷地下水或將其引出，藉著重力將水送入暗管中。排水設計規劃需注意排水溝深度、大小及數目，利用物理法將過多地下水排除，以利作物生育良好。

習　題

一、試述灌溉對農業的影響。

二、試述地面灌溉及噴洒灌溉之優劣點。

三、在何種情形下可採用滴水灌溉?

四、在排水不良地區,對作物生長有何種影響? 一般所採用的排水方法有那幾種?

第十三章　植物保護

第一節　病蟲害防治之新措施

園藝植物病蟲害防治之方法可以從兩方面著手，一爲採用阻止或限制病蟲侵入技術，此需瞭解此病蟲發生生活史，另一爲謀求獲得該植物對病蟲害抵抗性或忍受能力，尤以後者更爲有效及經濟，但較爲不容易。有效病蟲害防治方法需要經驗、警覺力及堅持力，才能使園藝植物順利生長及發育。

一、法規法防治

訂定檢疫法可以禁止某些帶有病蟲害植物由外地輸入，有效減除或至少緩慢新病蟲害種類在當地發生。

二、栽培法防治

在栽培管理作業上減少病蟲害發生的方法有下列幾種：

㈠驅除法：淘汰去除已感染病蟲害的植物或種子。

㈡剪除法：切剪去已感染的植物部分。

㈢清除法：清除植物周圍感染源(已感染病蟲害之枝葉、落果等)予以燒毀或深埋，以防病蟲害再度發生。

㈣輪作法：在同一土地上交替栽培一些病蟲不易發生之植物，使病蟲因不適應而死亡。例如旱田作物與水田作物之輪作制度等。

另外亦可改變栽培環境，使病蟲不利再發生，例如在排水良好環境下喜濕性眞菌不易生存。修剪可以減少枝葉密度及改變溫室內溫度及濕度等措施，均可減少病蟲害發生。

三、物理法防治

㈠隔離法：可用在高經濟價值植物的保護措施，例如設立網室可以阻止昆蟲或鳥類進入，柵欄或圍籬可阻止大型動物進入爲害，套袋可預防果實遭受病蟲害等。

㈡熱水浸漬法：將種子或球根類浸入 44～50°C熱水中 5～25 分鐘，可殺死一些病原或蟲卵，例如十字花科植物黑腐病(細菌性)、休眠中草莓植株上線蟲及盆栽植物土壤內病蟲等防治。

㈢誘殺法：例如性費洛蒙誘殺法、食餌誘殺法（圖 13-1）等。

㈣灌洗法：可減少紅蜘蛛爲害等。

四、化學法防治

園藝作物栽培者宜釐定較完善之農藥病蟲害防治月曆，減少病蟲害發生。按農藥種類有殺蟲劑、殺眞菌劑、殺細菌劑、殺鼠劑、殺線蟲劑及殺草劑等，應在病蟲生活史中適當時期予以防治，才易獲得防治效果。例如發芽中眞菌孢子、昆蟲幼蟲期及病毒媒介昆蟲等均爲有利防治時期。施用農藥可採用液態、固態或氣態方式。但在施用農藥防治病蟲害時，須考慮可能發生的問題：

㈠食品殘毒：例如在殘毒量及農藥安全範圍等方面考慮。

圖 13-1　利用甲基丁香油混合殺蟲劑誘殺東方果蠅

㈡施用技術：例如農藥稀釋濃度、施用次數、施用時期、農藥混合可能性及安全採收間隔期等。

㈢植物藥害發生：例如對產量及產品外觀傷害有無影響。

㈣病蟲產生遺傳上抵抗性而引起防治上有效性的降低：例如 DDT 及萬力等藥劑長久性連續施用效果。

㈤破壞生物間平衡：例如施用殺蟲劑後，引起大自然中天敵與害蟲比例的改變。

㈥環境污染：施用農藥對水、空氣及土壤污染程度。

五、生物防治法

㈠利用生物間競爭方法：例如釋放寄生蜂或細菌性蘇力菌防治小菜蛾，但對原有天敵寄生蜂無害，施用眞菌中綠殭菌防治紅胸葉蟲，及利用核多角體病毒防治玉米螟等方法均可產生有效防治效果。

㈡改變植物生理上習性：在田間給予適當管理，可以增強植株生長勢而減少病害發生，例如將土壤中鈣與鉀比率降低時，可以減少白菜根腫病出現。

㈢改變植物遺傳上特性：育成抵抗病蟲力強的品種，例如免疫性及忍受性等遺傳特性，可以有效增加對病蟲的抵抗。

第二節　旱害及水害之防治

一、旱害防治

由於植物蒸散作用及地面蒸發作用，加上遭遇外界環境變化如高溫、強風等，會使植物及土壤內水分大量消失，如果無適當降雨或人工灌溉時，土壤內有效性水分（毛細管水）無法滿足植物需要，植物便會遭受旱害，發生植株凋萎現象。如果土壤含水量減少至即使再灌水，植物仍不能恢復生長時，就稱爲永久凋萎點，因此在乾旱地區經營農業需有防旱措施：

㈠建立水庫及灌溉系統以供乾旱期作物需要。

㈡山頂設置保安林，以涵養水源。

㈢加強栽培管理上作業：例如乾旱期利用覆蓋、淺耕、滴水灌溉方式或栽植耐旱性植物等以減少土壤中含水量的消失。

二、水害防治

由於年雨量分配不均，在多雨地區或季節性的增加降雨而使土壤內多量水分不能一時排除，會造成植物根部損傷腐爛甚至植株死亡，因此對農作物水害防治上不得不注意。

㈠加強坡地水土保持工作：例如在坡地作等高線草生法栽培，可以減緩坡地水流動速度及地面衝擊力，不但能減少坡地表土被沖刷，平地亦可減少水害。

㈡山頂設立保安林：不但在大雨時可涵養土壤中水分，減緩雨水聚集造成水害，在乾旱季節亦可減少旱害。

㈢加強栽培管理作業：設立排水系統(如排水溝及暗管等)，降低地下水位，減少根群腐爛及植株倒伏現象。在低窪地區開闢水塘，種植水生植物或發展養殖事業及觀光休閒事業。

第三節　風害及寒害之防治

一、風害防治

本省位在亞熱帶地區，在夏秋季時有颱風，秋冬季時有東北季風爲害。強風使枝葉折傷或落果，風速達到3公尺／秒以上便會妨礙光合作用，促進葉蒸散作用，增強旱害及寒害現象。葉受傷後，光合面積減少而降低光合量，由於枝葉及果實傷口使病原菌易侵入。沿海地區由於風速增強亦會帶來鹽害，落葉降低果實肥大及品質不良。在春季開花期遇到強風，不但花器遭受機械傷害，亦會帶來低溫影響授粉受精作用。風害防治對策有下列幾種：

㈠設立防風林或防風牆，減少風速過大所造成的風害。

㈡棚架形整枝，例如梨及葡萄在多風地區採用水平棚架形或防風架（圖 13-2）整枝，將主枝誘引至逆風向，可減少風害。

圖 13-2　在高山地區利用防風架減少蘋果風害

㈢在風大地區宜採用低幹形整枝。

㈣選用耐風性強植物品種，例如深根群或矮性品種。

㈤風害後撒佈藥劑以防病原菌侵入傷口，例如波爾多液或大生粉稀釋液等藥劑撒佈。

二、寒害防治

在亞熱帶地區早春季節易遭受寒流侵襲，帶來低溫，影響植株生育甚大，寒害防治工作不能不注意。一般在栽培作業上所採用的寒害防治方法如下：

㈠包被或覆蓋法：例如採用塑膠隧道法、稻草或塑膠布覆蓋地面（圖 13-3、13-4）等以提高植株周圍溫度。

㈡噴水或灌水法：利用水在白天吸收太陽熱，在夜間緩慢散熱，可提高地面溫度。

㈢選用耐寒植物種類或品種栽培。

㈣調整播種或種植期，得以避開寒害期。

其他如田間設置風扇以攪和上下層暖冷空氣法及燻煙法亦可增高地面溫度，減少寒害發生。

圖 13-3　草莓塑膠布覆蓋提高地面溫度，促進植株生長

圖 13-4 草莓塑膠布覆蓋亦可預防泥土污染

第四節 各種污染之防治

環境污染危害及生物生存，造成氣候改變、植物死亡及生態平衡破壞等現象，其中以水污染、空氣污染及土壤污染問題較爲重要。

一、水污染

水污染多來自都市廢水、工廠廢水、農藥殘留等，它不但破壞水中生物生活環境，亦能影響其本身利用價值。其中含有多氯聯苯、重金屬、農藥等有毒物質的廢水排放到河川中，經植物利用吸收，再由消費者攝取而積存於體內，超過某種程度後，便會引起病變。植物吸收過多亦會發生病徵，嚴重時會造成死亡。

二、空氣污染

由於社會工業化或都市化帶來大氣中不同的有害物質，不但危害人類健康，亦會影響植物群落生存。例如由工廠或工地排出灰塵粒子，附著在植物體上，不但能腐蝕幼小植物表皮，並使光合作用及呼吸作用受阻，降低葉菜類(萵苣、芹菜)、果實及觀賞植物品質。由汽車或工廠排放出的二氧化硫及二氧化氮，經過日光催化作用，可以轉變成酸雨，改變土壤化學性質，使植物生長困難。

三、土壤污染

過多或經常施用殺蟲劑、殺菌劑、除草劑或肥料等，會造成土壤污染，改變土壤性質及功能，例如鎘、鉛、錳等重金屬殘留土壤中，不但使作物生育受限制，人類食用該類食物後，亦會引起病變。尤其在一些重金屬工業工廠附近更會發生土壤污染現象。

因此爲維護自然環境，污染防治工作甚爲重要。可以從下列幾點著手：

㈠設立環境保護專責機構：釐訂廢棄物排放標準並加強管制工作，協助廢棄物處理並減少污染擴散，改善燃料內所含硫或鉛等有害成分等。

㈡採用綜合性病蟲害防治計畫，降低使用農藥用量或次數，配合物理性及生物性防治病蟲害。

㈢加強保護環境及廢棄物回收擴展計畫，使人人瞭解污染問題的嚴重性及參與環境保護工作。

習 題

一、試舉例說明有效植物保護方法。

二、如何從栽培法防治病蟲害?

三、有那些物理方法防治病蟲害?

四、施用農藥防治病蟲害可能會發生那些問題?

五、試舉三例說明利用生物法防治病蟲害。

六、如何防治旱害，試舉三例說明之。

七、用在農業上有那些水土保持法?

八、風速過大時，對作物有那些傷害? 有那些風害防治方法?

九、在栽培作業上有那些寒害防治方法?

十、維護環境或防止污染應從那幾點方法著手?

實　習

Ⅰ、題目：安全農藥使用

Ⅱ、材料：蔬菜，50%馬拉松乳劑等

Ⅲ、用具：8～16 ℓ 背負式噴霧器，口罩

Ⅳ、方法：

1.選用正確農藥：注意農藥包裝上標示註明，例如防治對象包括作物及病蟲害種類、稀釋倍數、每公頃用量、使用方法、注意事項及安全採收期等。

2.注意用藥安全措施

⑴噴藥前檢查噴藥器材是否安全，例如噴口是否暢通，接頭是否堅牢等。

⑵調配農藥時，不可皮膚觸及原液及任意提高稀釋濃度。

⑶施藥時宜穿戴防毒用具，例如口罩、手套、塑膠雨衣及鞋等，以免中毒。

⑷噴藥時應注意風向，不可逆風前進。

⑸噴藥時不可吸煙、喝水，身體衰弱時不宜噴藥。

⑹剩餘藥液或農藥空瓶不可亂倒棄。

⑺噴藥後應立即洗淨身體及漱口，沾有藥液衣具應洗淨收存。

3.噴藥時須注意噴藥器壓力，壓力大，噴霧粒子細，覆滿植物體，並注意噴及葉背，以達到噴藥效果。

4.安全採收期應嚴格遵守：例如在蔬菜上施用「50%馬拉松乳劑」，安全採收期為 4 天，就是在收穫前 4 天可以噴藥，噴藥後

4天到採收時一段時間禁止噴藥以策安全，其他農藥如納乃得及培丹等安全採收期爲10天，鋅乃浦及免賴得等爲7天。

5. 中毒防治：一般農藥中毒途徑有口毒、皮膚毒及呼吸毒等三種，中毒深淺程度依農藥種類和分量而定，一般中毒症狀爲全身倦怠、頭痛、對光反應消失，嚴重時呼吸困難，全身抽筋痲痺死亡。應立即送醫，注射巴姆(PAM)或阿脫品(Atropine)解毒劑。

第十四章　園產品處理及加工

從事園藝者所應用園藝科技生產的園產品，如能再經過一些處理及加工過程，往往可獲得較高經濟價值。

第一節　園產品處理

園產品從田間收穫開始，直到消費者利用為止，所採取各種處理工作，稱為園產品處理。通常採收後園產品須經過一些處理步驟，才適宜運銷至市場販售，這些步驟大致包括有清洗、修整、預冷、選別、分級、包裝、裝箱、運輸及貯藏等項目，甚至有些園產品尚需有癒傷、上蠟、浸藥及冷或熱處理等特別作業，但是依園產品種類不同，所需處理作業亦有差異。

一、採收

㈠採收期

園產品採收期與其耐貯力、低溫敏感度及品質有密切關係，園產品是否已達到適於食用、加工或觀賞等階段，可作為判斷採收期標準，最適於食用或利用程度視作物種類特性不同而定，例如香蕉通常在七至八分成熟時採收，再經過催熟處理，達到完熟時才可食用，但是柑橘、葡萄等在成熟後採下即可食用。

㈡採收方式

1. 人工採收：大多數用在易受傷果實、蔬菜及花卉等高經濟價值之園產品。

2. 機械採收：主要應用於乾果類，如核桃、杏仁等，以及加工利用或不易損傷之園產品。

3. 半機械採收：例如網紋甜瓜、甜椒及青花菜等，可用手採收後，放置可分級輸送帶，再在可移動車輛上行田間包裝運輸工作（圖14-1，圖14-2）。

另外在園產品採收時，應注意整齊成熟度、提高工作效率、減少受傷機會及降低採收成本等要求。

圖14-1　青花菜在半機械採收工作

圖 14-2　美國芹菜在田間包裝處理

二、清洗與修整

有些園產品外表附有泥土或髒物(如根菜類)，可用浸水、沖洗或刷擦方式保持產品的清潔。一些蔬菜類在包裝前，可用銳利工具將不必要的外葉或根莖部除去，使產品外觀整齊美觀，此種修整工作可以在田間舉行。

三、選別與分級

產品先經過依其成熟度、形狀、顏色或受病蟲害傷害等選別步驟，除去不合格產品 (圖 14-3)，再進行分級，人工選別亦可在田間進行。可依產品的重量、體積、長度、直徑及風味等性狀為分級標準，分級方法有人工分級與機械分級兩種 (圖 14-4)。

圖 14-3　柳橙在運輸帶上進行選別工作

圖 14-4　柳橙在進行機械分級處理

四、包裝

包裝具有保護產品不易受到傷害，減少失水與病蟲害感染，增進產品外觀及提高運銷作業效率等功能（圖 14-5）。

包裝作業可在田間進行，多用在一些不需要清洗或其他特別處理的產品，如草莓、結球萵苣及甘藍等；亦有在包裝場作業，可依產品的特性作整體包裝場設計與流程，利用輸送帶將各個作業串連成一種完整的自動化系統。一些重要的蔬果，如柑橘、蘋果、梨、番茄、胡蘿蔔及馬鈴薯等，大都在自動化包裝場內進行，亦有小包裝作業，以供在生鮮市場銷售（圖 14-6）。

圖 14-5　水蜜桃之裝箱處理

圖 14-6 甜玉米進行小包裝處理

五、運輸

園產品需要經過小心運輸到達消費地，運輸工具有冷藏貨櫃車、貨車、火車、輪船及飛機等，依產品種類及消費地遠近不同，所用運輸工具亦有差異。在運輸作業時，除了要考慮運輸成本及所需時間外，產品在運輸過程中所處環境對其品質變化不可不注意，尤其在運輸過程中機械傷害、溫濕度管理、通氣及混裝物狀況甚爲重要。

六、預冷

園產品採收後，宜將其本身田間熱迅速移除。園產品經過預冷處理後，低溫會降低產品的呼吸作用及乙烯生成作用，減少產品失水及微生物引起病害，因此預冷能維持採收後園產品保鮮狀態。

預冷方法有下列幾種：

㈠庫內風冷

利用庫內循環冷風，將產品的溫度降低的預冷方法(圖 14-7)，此法作業較簡單。

㈡強制風冷

乃在高冷庫內設置一帶有開孔冷牆，其內側裝有抽風扇，將裝有產品之開孔紙箱或木箱堆放在抽風口前方或兩側，使外側冷風由容器通風孔或孔隙進入箱內，通過產品間隙由另一側孔隙出去，可在短時間內使產品的溫度迅速降低，對於一些不適用冰水及真空預冷的蔬果或切花等產品，乃是一種良好預冷方法。

㈢冰水預冷

將園產品浸在冰水中或以冰水噴灑，達到降低產品溫度，乃是一

圖 14-7　採收後水蜜桃在庫內行風冷處理

種迅速且有效預冷方法，可用在一些葉菜類及綠竹筍等園產品。

㈣碎冰預冷

將碎冰塊與產品一同裝在容器中，利用碎冰融化時吸熱特性，使產品溫度降低，冷卻速率較風冷為快，但不適合用在一般所用紙箱容器，況且碎冰會增加搬運時重量。此法可用在菠菜、青花菜、櫻桃蘿蔔及胡蘿蔔等園產品。

㈤真空預冷

乃是利用產品本身水分在低壓中迅速蒸發為水氣過程中，因蒸發吸熱而使產品溫度降低，此法須在一不透氣且耐高壓的庫中進行，通常在真空預冷時，產品易失水，因此在真空預冷前宜噴灑一些水在產品上。多數蔬菜類表面積大且皮薄，所以適於真空預冷，中大型番茄及瓜類或根菜類如胡蘿蔔，由於體積大而表面積小，則不宜用此預冷方法。

第二節　園產品生理變化

一、呼吸作用

採收後園產品仍然繼續進行呼吸作用等生理代謝活動，將細胞內所貯藏的養份分解並轉化為能量，由於呼吸作用所消耗的養份無法得到補充，終將產品養份耗盡而衰老死亡，由於園產品種類不同，其呼吸率相差亦大。例如蔬菜中的洋蔥、馬鈴薯或水果中的蘋果、葡萄等呼吸率比較低，可耐較長期貯藏，但是另有一些蔬果如青花菜、綠竹筍、甜玉米等呼吸率相當高，耐貯藏期間較短。

二、蒸散與失水

一般蔬果類含水量很高，加上體積大，表皮薄及表面積大，因此產品容易失水。園產品收穫後斷絕了水份的供應，在高溫且乾燥環境下，不但發生嚴重失水，且有皺縮、萎凋、變軟及衰老等品質劣變現象。

三、後熟

當果實發育體積由小而達到最大時，外表形態逐漸穩定時，果實進入成熟階段，例如柑橘類或西瓜等果實成熟採下後已可食用，但是香蕉、西洋梨等果實成熟採下後，須經過一段時間或一系列物理及化學上的變化(後熟作用)，方能達到完美可食狀態。果實後熟時所發生的變化，如果皮顏色改變（果皮中綠色消失，轉爲黃色者，如香蕉、番石榴等；轉爲橙紅色者，如柑橘、芒果等)，果皮組織軟化(如酪梨、香蕉等)，貯藏性澱粉轉變爲單糖與雙糖，並有揮發性香味生成。

有些果實在發育後期或將開始後熟時，果實的呼吸率會驟然上升，到達最高點後再逐漸下降，使果實發生明顯的後熟變化，這些果實被稱爲更年型果實，例如蘋果、香蕉、西洋梨、番石榴、番木瓜、番茄、酪梨及甜瓜等。另外有些果實在發育後期，果實的後熟進行的很緩慢，呼吸率並不會上升而平緩地下降，這些果實被稱爲非更年型果實，例如柑橘類、葡萄、荔枝、鳳梨、草莓及蓮霧等。果實經更年期變化後，很快地進入老化現象。

四、生理障礙

㈠寒害

一些對低溫敏感的作物種類或其部分組織器官，遇到冰點以上而低於 15°C的低溫環境時，細胞受到傷害或死亡，顯現出生理異常或組織壞死現象，例如香蕉、芒果、甜瓜及番茄等作物。一般寒害徵狀大致爲表面凹點（青椒、胡瓜、蓮霧）、表面變色（芒果、番荔枝）、果肉褐色（酪梨、橫山梨）、維管束變色（酪梨）、不正常後熟（香蕉、甜瓜、番茄）及加速腐爛（苦瓜、番木瓜）。有些產品在低溫中已受到傷害，但是徵狀不明顯，當產品移到較高溫環境下，才會出現徵狀。

㈡低氧及高二氧化碳

多由於包裝過於緊密或通風不良，使得氧減少而二氧化碳累積所造成傷害，例如馬鈴薯黑心病、萵苣褐斑病。在氧氣濃度太低時，亦會引起無氧呼吸而發生異味。

㈢乙烯傷害

植物體可產生微量乙烯氣體，大部分乙烯來自汽車排出廢氣或工廠廢氣，乙烯之產生可使產品品質劣變，例如促進葉綠素分解，使一些葉菜類、青花菜及黃瓜等組織變黃而老化；促使離層形成，造成果蒂、花朵及葉片脫落；促進蘆筍及竹筍纖維化而降低品質及誘使香石竹花朵萎凋等現象。

第三節 園產品貯藏

園產品貯藏主要目的在減慢其老化劣變的速度，延長其新鮮品質與壽命，拓展園產品供應時期，甚至擴大其銷售範圍。在園產品貯藏期間發生呼吸作用而致放熱與老化，蒸散作用導致失水、形態生變及病害腐爛等現象，因此園產品需從溫度、濕度、空氣成份及乙烯去除等技術方法來改善，以達到園產品貯藏目的。

一、普通貯藏法（Common storage method）

主要利用自然低溫來進行貯藏方法，多用在小規模農家貯藏蔬果用，例如在地窖式山洞加裝通氣管道，以自然對流方式引入冷空氣而排出暖空氣，可以增進貯藏效果，在本省坡地之冬季椪柑及柳橙貯藏技術乃以隔熱材料建成通風式貯藏庫，在夜晚外界低溫時，打開通風口，使冷空氣進入庫內，流經產品以降低產品溫度，並且帶走呼吸熱；白天高溫時，將通風口關閉，避免溫度上升。較爲進步者尙可裝置循環風扇及自動感溫裝置，使庫內溫度保持在恆定低溫下，增加產品貯藏時期。

二、低溫冷藏法（Refrigerated storage method）

係在有隔熱庫房內，利用特定熱轉移之機械式制冷系統，進行產品貯藏方法。通常控制在恆定溫度範圍內，可保持新鮮品質之園產品。冷藏庫除了具有堅固結構體外，四周尙需有良好隔熱層，方能維持庫內產品品質穩定性。機械式制冷系統依據冷媒壓縮循環的原理，製成實用性的機械組合。一般冷藏庫內相對濕度宜維持在90～95%。在產品冷藏期間應儘量減少出入庫內次數，以減輕庫內冷凍負荷及溫度的波動。

三、調節氣體貯藏法（Controlled atmosphere storage method）

係在低溫貯藏法中將貯藏庫內氣體，經由添加或移除方式而改變其氣體組成，而產生延長產品貯藏壽命的貯藏方法，通常所採取方法爲降低氧氣濃度及提高二氧化碳的濃度，移除乙烯可包括此範圍內。此外尚有一種自發氣體貯藏法，可在小包裝內進行，由袋內產品本身呼吸作用將氧氣消耗而釋放出二氧化碳，再配合包裝袋膜的透氣性，改變形成包裝袋內氣體成份。另外尚有一種減壓貯藏法(Hypobaric storage)，乃將產品放在部分眞空狀態下貯藏，氧氣濃度會隨壓力下降而降低。改變貯藏庫內空氣成份，可減緩產品老化、寒害及一些生理障礙等，是一種補充或增進傳統冷藏技術方法，可用在堅果類、蘋果、西洋梨、甘藍及結球白菜等長期貯藏果蔬類。

第四節 園產品加工

一、園產品加工之意義及範圍

新鮮的園產品採收後，採用食品加工原理，製成各種加工品，可防止其腐敗，增加其利用價值。粗大體積的果蔬原料，經過加工製成罐頭、醃漬或脫水冷凍食品，利於貯運及保藏。百香果，檸檬等果實經過榨汁調和糖水等過程，可製成風味可口的果汁飲料，另外可利用著名產地盛產蔬果原料，設立加工廠，製造及販售成爲地方特產，例如在本省有員林地區水果蜜餞、大埤的酸菜、公館的榨菜等，除了增加農家收入及提高農民生活外，並帶來包裝容器、倉儲設備及車輛交通工具等關係企業的發達。

凡是可供給利用的園產品，都可包括在加工利用範圍內。例如加工後蔬菜製品，如醃菜及罐製式冷凍包裝蔬菜；加工後水果製品，如果乾、果汁、果醬、罐頭及蜜餞等；加工後花卉製品，如乾燥花、香精及色素等；尙包括特用園產品之甜菊糖、薑黃色素及大蒜精等。

另外對於園產品原料的品質特性，例如外觀、缺陷程度、質地、風味、營養價值及淸潔衛生條件等，亦需適當管制，才能提高產品之製造率及品質。

二、園產品加工方法

園產品種類多，加工方法不一，有些園產品可以加工製成許多種加工品(圖 14-8)，柑橘類果實除了製成果汁外，亦可製成果醬、蜜餞、果凍、精油及藥品等，一種加工方法可以應用於多種園產品的保藏，常依園產品種類特性不同而有不同加工方式。

圖 14-8　洛神葵果實可製成果醬、果汁及蜜餞等加工品

㈠罐頭

將可食用園產品部分，裝入密封容器內，經過脫氣、封蓋及殺菌等步驟而成。罐頭容器如塗錫罐、玻璃罐、鋁罐，甚至由錫箔及耐熱的塑膠夾層所製成的殺菌袋。例如黃桃、巴梨、鳳梨等加工品。製罐前原料處理包括洗滌、去皮、調理、選級及殺菁等步驟。殺菁(blanching)多利用熱水或蒸汽，目的在抑制酵素的破壞作用，減少微生物數目，排除一些氧氣及不良氣體及固定原料色素並保存營養等功能。大多數水果罐頭中加入糖液，蔬菜罐頭中加入鹽水，除了調節風味外，尚有在罐頭加工時熱傳導，易達到脫氣及殺菌爲目的，塡入糖液或鹽水須留約罐頭高度十分之一左右空間，應用加熱使罐內液體膨脹而驅出空氣，乘熱封罐，利用眞空封蓋機密封後，進行熱水或蒸汽殺菌，達到充分滅菌效果。

㈡冷凍保藏

冷凍蔬菜經過清洗、切塊、殺菁、凍結及包裝等預先調製處理工作，並以在－18°C以下保藏，消費者在解凍後可供食用，其品質接近新鮮蔬果，清潔衛生，食用方便，在工商業發達國家已普遍採用。冷凍蔬菜有紅蘿蔔、豌豆仁、馬鈴薯、洋菇、蘆筍、毛豆、豌豆莢、青花菜及花椰菜等；冷凍水果有鳳梨、荔枝及芒果等。蔬菜在殺菁後立刻冷卻，再快速冷凍。水果冷凍前不必行殺菁，只需預冷，由於蔬果含水量高，必須採用急速冷凍，才能確保優良品質。

㈢乾燥與脫水

園產品經過乾燥脫水後，可以減少微生物侵害，亦可縮小體積及重量，便於貯運，甚至減少包裝成本。大多數蔬果在乾燥脫水前經分級、沖洗及選別等預備工作，水果需要去皮、去核或經切片，二氧化硫的燻蒸處理，以免發生變色及變味現象，現今大型蔬果加工廠多採用機械來施行洗菜、選級、切菜及排盤等工作。有些蔬果如金針花及柿乾，可選擇晴天直接在陽光下曝曬，使蔬果內水分蒸散，保留其特殊香氣及色澤。洋菇、香菇、蒜頭片、鳳梨乾、龍眼乾等多利用人工脫水方法加工。脫水乾燥機械包括有脫水機、鼓形蒸發乾燥機、烘焙乾燥機及隧道式乾燥機等，較易控制脫水條件，製品之品質亦較佳。經過乾燥脫水後的製品易吸收空氣中水份而潮濕，亦應嚴防鼠害及蟲害。

㈣糖或食鹽保藏

利用砂糖、食鹽或化學防腐劑，作爲蔬果貯藏及醃漬的材料，得以保存而不受微生物感染，亦可防止內部酵素作用，製成品包括以蔬菜原料爲主的醃漬類；水果原料爲主的蜜餞類。

1.醃漬類：蔬果原料加食鹽醃漬貯存或供加工調味發酵，獲得醃漬製成品（榨菜、大頭菜、醬菜等）或半製品（梅胚、鹽薑等），由於操作簡單，保藏期長、周年可用，形成普遍的副食品。在醃漬過程中發生蔬果生活力消失，含水量減少，酵母菌及乳酸菌等微生物的發酵作用，產生酒精及乳酸等物質，形成一種芳香可口的風味。

2.蜜餞類：將水果的全果或切片，經過調理後，在糖液中浸漬，其內部含糖分達 65～70%者，則稱爲蜜餞，如鳳梨、金柑、李、冬瓜糖、糖薑、蜜棗等，由於蜜餞含糖量高，水分活性低，足以抑制微生物生存，因此可耐久貯藏。

3.其他：果凍是由水果煮出汁液，經過糖濃縮，冷卻後凝固而成，一般果凍含有原汁 45%，外加入 55%砂糖，必要時可加入果膠、果酸、糖及水。果醬係以果泥加糖或加入果膠及果酸等材料經濃縮而成，一般濃縮冷卻後成爲不透明體。

㈤果汁

新鮮水果原料經榨汁或破碎果肉，除去種子雜物，調配成一種不含酒精的飲料。榨出的原汁不加糖等調味料者爲天然果汁；如果蒸發除去一部分水分後，則稱爲濃縮果汁；如果將果汁加入糖、酸、食用天然色素、香精及水等外物，則稱爲果汁飲料。濃縮果汁利於包裝及海運、遠售至國外市場具有潛力。

第五節　園產品之評鑑

園產品種類及品種頗多，其性狀不一。在園產品品評時，依其種類不同訂定品評標準規則(圖 14-9)，加以審查，評其優劣以鼓勵高品質園產品生產。可作產品品評會、園產品競賽及訂定優良產品標誌參考用(圖 14-10，14-11)。普通在評鑑時多採用記點審查法，凡得 100 點者，即爲滿分。亦可將產品所得分數分爲若干等級予以評鑑。一般將園產品分爲果實、蔬菜及花木等三大類，其評鑑標準亦有所不同。

一、果實評鑑

(一)果實評鑑標準

1.品種：具有同一種數及品種。

2.果形：果形完整，具有該品種特徵者。

3.大小：由品種之特性決定其大小或重量。

4.成熟度：成熟度是否適宜。

圖 14-9　優品文旦柚進行評鑑工作

圖 14-10　採收後待評鑑的西瓜

圖 14-11 採收後待品評的柑橘

5.外觀：果皮色澤、病斑或有無損傷。

6.果肉：粗細、色澤、殘渣之多少。

7.品質：

1.含糖量：利用糖度計測定

2.含酸量：可用 0.1 N NaOH 液滴定計算出

3.糖酸比：含糖量／含酸量

4.香氣：品嗜

5.漿液：品嗜

註：可依果實種類或特性不同，評鑑項目及及格點數可酌以調整。

(二)果實評鑑記點審查表

評鑑項目	甲法	乙法
品種	5	5
果形	5	
大小	5	
成熟度	5	20
外觀	5	
果肉	10	15
品質：		
含糖量	20	
含酸量	5	40
糖酸比	15	
香氣	5	20
漿液	15	
共計	100 點	100 點

註：乙法乃一簡單項目評鑑法。

二、蔬菜評鑑

蔬菜可依利用部分不同給予評鑑，一般分爲根菜類、莖菜類、葉菜類、花菜類、果菜類等五種。

(一)根菜類

㈠評鑑標準

1.品種：同一種類及品種或估算其整齊度。

2.外觀：形狀完整、新鮮、固有色澤、光滑及清潔度等。

3.組織：幼嫩、緊密、纖維多少等。

4.損傷度：無傷疤、皺縮、空心、裂痕、病蟲害及機械傷害。

5.清潔度：農藥污染及泥土附著情形等。

㈡評鑑記點審查表

評鑑項目	得點數
品種	10
外觀	25
組織	25
損傷度	15
清潔度	25
共計	100 點

註：依根菜類種類不同，得點數或及格點數可酌以調整。

(二)莖菜類

㈠評鑑標準

1.品種：同一種類品種或估算其整齊度。

2.外觀：種類或品種固有形狀及完整度、新鮮度、色澤光滑、無皺縮等現象。

3.組織構造：質脆嫩、無軟腐、無萌芽、節間分佈正常等。

4.損傷度：無病蟲害或機械傷害。

5.清潔度：無農藥或泥土污染者。

㈡評鑑記點審查表

評鑑項目	得點數
品種	20
外觀	30
組織構造	25
損傷度	15
清潔度	10
共計	100 點

註：依莖菜類種類不同，得點數或及格點數可酌以調整。

(三)葉菜類

㈠評鑑標準

1.品種：同一種類及品種估算其整齊度。

2.形狀：完整度或結球堅實度、發育充實度、修整狀況。

3.新鮮度：光澤、色彩、凋萎度及花苔著生等。

4.清潔度：屑物（泥土、外葉等）及有無藥害。

5.組織狀況：脹裂、膨軟、凍傷等有無。

6.損傷：腐爛、病蟲害及機械等傷害。

㈡評鑑記點審查表

評鑑項目	得點數
品種	10
形狀	15
新鮮度	25
清潔度	20
組織狀況	15
損傷	15
共計	100 點

註：依葉菜類種類不同，得點數或及格點數可酌以調整。

(四)花菜類

㈠評鑑標準

1.品種：同一種類或品種估算其整齊度。

2.形狀：成熟度、著生緊密或疏鬆、外葉修整狀況。

3.新鮮度：軟化或老化，有無變色、凋萎。

4.清潔度：泥土或農藥污染。

5.組織狀況：莖有無空心、老化。

6.損傷：腐爛、病蟲害及機械傷害等。

㈡評鑑記點審查表

評鑑項目	得點數
品種	10
形狀	15
新鮮度	20
清潔度	20
組織狀況	15
損傷	20
共計	100 點

註：依花菜類種類不同，得點數或及格點數可酌以調整。

(五)果菜類

㈠評鑑標準

1.品種：同一種類或品種，估算其整齊度。

2.形狀大小：完整，合於規格。

3.外觀：成熟度、色澤、清潔、新鮮等。

4.組織：充實，無過熟軟化等現象。

5.損傷：腐爛、日傷、疤痕、凍傷、病蟲害及機械損傷等。

㈡評鑑記點審查表

評鑑項目	得點數
品種	15
形狀大小	20
外觀	20
組織	15
損傷	30
共計	100 點

註：依果菜類種類不同，得點數或及格點數可酌以調整。

三、花木評鑑

消費者對花木的觀賞價值，多以其產生美感及利用特性、甚至以其持久性加以評鑑。花木種類頗多，一般按其利用特性分爲切花類、觀葉植物類及盆花類等三種。

(一)切花類

㈠評鑑標準

1.外觀：包括切花種類或品種固有外形或輪廓、新鮮度及充實感。

2.形狀大小：包括含苞待放（如玫瑰）或盛開（菊花、康乃馨及蘭花等），花莖長度等。

3.色彩：包括植物固有色彩及光澤。

4.香味：包括消費者所喜好及植物本身所具有香味濃度。

5.損傷度：包括凋萎(缺水引起)、病蟲害、農藥污染、生理障害(缺肥、高溫及低溫等引起)、機械傷害(包括折傷、磨傷及壓傷等)。

㈡評鑑記點審查表

評鑑項目	得點數
外觀	25
形狀大小	25
色彩	10
香味	10
損傷度	30
共計	100 點

註：依切花種類不同，得點數或及格點數可酌以調整。

(二)觀葉植物類

㈠評鑑標準

1.外觀：包括觀葉植物種類或品種固有形狀輪廓變化、新鮮度及充實感。

2.形狀大小：包括植物本身固有形狀大小特性、枝葉分佈狀態。

3.色彩：包括光澤或著色健康程度。

4.損傷度：包括病蟲害、農藥或肥料等殘留物、機械傷害（如磨傷、折傷及壓傷等)、生理障害（包括水分、溫度、日光等引起)。

㈡評鑑記點審查表

評鑑項目	得點數
外觀	30
形狀大小	25
色彩	15
損傷度	30
共計	100 點

註：觀葉植物類因種類不同，得點數或及格點數可酌以調整。

(三)盆花類

㈠評鑑標準

1.株形：植株大小與盆尺寸應呈均衡比例，一般植株高度在盆高1.5～2.0倍以內，枝葉滿蓋盆面爲原則。

2.枝葉：注意色彩、健康度、整潔度及分枝數等。

3.花：注意花芽數目大小形狀，排列層次分佈之對稱性，色彩鮮度及著色表現。

4.損傷度：注意病蟲害徵狀、農藥、肥料及活水殘留物，由溫度、水分或日光等引起生理障害，由風害折傷或磨傷等引起機械傷害等。

㈡評鑑記點審查表

評鑑項目	得點數
株形	30
枝葉	20
花	20
損傷度	30
共計	100 點

註：盆花類因種類或品種不同，得點數或及格點數可酌以調整。

習 題

一、園產品採收方式有幾種? 可用在何種園產品?

二、採收後園產品爲何需要預冷工作? 其功能何在?

三、何謂園產品寒害? 那些園產品容易遭受寒害? 舉例說明之。

四、簡述園產品加工方法。

五、爲何園產品需要評鑑? 其理由何在?

實　習（一）

Ⅰ、題目：番茄分級與包裝

Ⅱ、材料：小番茄 6 公斤以上

Ⅲ、用具：母子式裝箱（透明塑膠製 0.5 公斤裝小盆 12 枚，6 公斤裝瓦楞紙製母箱 2 枚）及塑膠盤等

Ⅳ、方法：

一、分級品質標準

1. 特級：同一品種，大小相同，形狀完整，成熟適度，色澤優良（著色均勻），萼片青綠，外皮清潔，無雜物（泥土及枝葉），無水傷，無軟化，無裂痕，無病蟲害及其他傷害。

2. 優級：同一品種，大小尚相同，形狀尚完整，成熟尚適度，色澤良好，無水傷，無軟化，無裂痕，無病蟲害及其他傷害。

3. 良級：次於優級，但有商業價值者。

二、包裝：

1. 按相同等級，散放於箱內（散裝）或裝於塑膠盒，每盒 0.5 公斤，每箱 12 盒（母子式包裝）。

2. 箱上應有收貨人，供給單位（人），供給代號，品名，等級，淨重等標示。

3. 捆（釘、封）箱時須紮實。

4. 包裝完畢後，貨品應堆置蔭涼處。

Ⅴ、問題：

園產品分級包裝有何功能？

實　習（二）

Ⅰ、題目：果實品質評鑑

Ⅱ、材料：楊桃（軟枝品種）數箱

Ⅲ、用具：磅秤、0.1 N NaOH 滴定裝置、硬度計、探汁器及糖度計等

Ⅳ、方法：

1. 抽取楊桃數箱，依次編號，在每箱中隨機取樣，各選果 15 枚，排列於評鑑臺，依照外觀，切開剖面，壓汁測定糖度及酸度，依照適當評分標準評分，記載評分表，釐定評鑑及格分數，並可評估特優，優及中等等級。
2. 評分項目，包括果實形狀(10)，果實大小(15)，表皮光滑度(10)，臘質及皮色(5)，果肉細嫩度(5)，果肉風味(10)，糖度(25)，酸度(15)，果肉硬度(5)，共計 100 分。

Ⅴ、問題：

果品評鑑目的何在？試申述之。

第十五章　造園與景觀

第一節　造園與景觀園藝

造園與園藝關係非常密切。造園爲研究處理環境空間，使其美化更能適合吾人生活上的需要。運用園藝植物來改善生活環境，景觀園藝成爲造園家追求的目標。造園不但可陶冶性情及提高生活品質，並可培養對自然的愛好，尙可供給吾人休閒娛樂及健身場所。優良景觀園藝應經過調查分析，規劃設計及施工管理等過程才能達到目的。況且造園乃是一種綜合性學問，除了具有園藝知識外，藝術及土木施工等方面亦不可少，因此造園者須具有熟練的技巧和豐富的想像力來運用佈置材料，才能獲得盡善盡美的景觀園藝。

第二節　造園形式

一、規則式(formal style)

此式又稱爲幾何式、人工式或建築式，可見於西方古典式造園，表現幾何線條或圖案之美，給人整齊及莊重之感覺，但有不自然及缺乏情調之缺點。其特點在軸線明顯，線條多爲直線或有規則之曲線，樹木多修剪成各種形狀，而栽植規律化，園中置有人工化裝飾品，如雕刻物、噴泉或運河等。可見於學校之前庭、廣場、街道廣場及公園之局部等地。

二、不規則式(informal style)

此式又稱爲自然式或風景式，可見於中國山水式造園，表現自然或風景之美，給人幽雅及柔和之感覺，但有單調及散漫感覺之缺點，其特點在無明顯之軸線，線條多爲不規則之曲線，樹木保有樹之原形，而栽植時採不規則排列，園中置有自然化裝飾品，如假山或曲水等。可見於庭園中主庭、天然公園、植物園及動物園等處。

三、混合式(mixed style)

此式又稱爲折衷式或現代式，多爲規則式與不規則式之混合，取兩式之長處而捨兩式之短處。現代之庭院多爲採用。如在自然式園景中，酌量加入有規則之線條式花壇，以消除單調；中心區或主要區爲規則式，而以自然式局部聯絡之。

第三節　造園設計

一、影響造園設計之因素

影響造園設計因素很多，在從事設計之先，應有調查及分析，以作爲設計時參考依據。影響造園設計因素可分爲：

㈠自然環境

1.氣候：依據當地氣溫、雨量、風向、風速、日照等，選用適宜動植物材料。

2.土質：除了植物對各種土質有不同適應性外，土質亦能影響設計、施工與管理工作。

3.地形：土地方向影響日照與風速及遠景性質，尚可影響及水景設置及灌溉管理等。

4.原有地上物：係指基地附上可供利用爲造園材料之人工物及自然物，乃至其他可資借景之地上物，就地取材旣可發揮景緻特色又可節省經費。

㈡人文環境

1.原有建築物之種類及外型：不同類型建築物對庭園之需求有所不同，建築物外型、大小、色澤、材料及質地等應加以考量，並與園景及周圍環境能充分配合。

2.交通狀況：交通方便利於材料搬運，可以省時省力，在交通繁忙地區，在設計時應考慮選用抗（耐）污染植物。

3.社會情形：社會治安、風俗習慣、勞力與材料之價格與供應情形等均應在設計時有適當考慮。

4.政府之政策、法令及公共環境：在建築法規中有各種限制或禁令，公共環境維護等均應注意。

㈢使用人及所有人之調查

設計者必須站在使用人及所有人立場作考慮，才能建造出合用的園景，例如公園要考慮遊客需要及對於一些禁忌事項亦需注意。

二、造園設計之原則

造園設計須具有適用性，美感性及經濟性。

(一)適用性

設計者在事先了解使用人的需求及植物景觀功能才著手進行。例如單株優形樹或組合植物群，可供給觀賞者感受的實體。建築物上藤蔓或地面上地披植物，可以減少光反射及減弱溫度變化。植物栽植後不但能減輕土壤沖蝕及風蝕，亦可調節氣溫及濕度、減輕噪音、控制強光及空氣污染等功能。

(二)美感性

造園美具有柔美及剛美，柔美是一種優雅與可愛的組合，使人看了感到舒服愉快，例如鳳凰木及柳樹的美。剛美是一種個性與力量的組合，使人看了內心產生激動與壓力，例如椰子及松柏的美。造園美表現方式有形像美及意境美。形像美爲外形的美、顏色的美、外表的美及建築的美等，例如樹木之外形、花草之顏色、整齊之圖案等。意境美爲感受的美、情調的美、自然的美，一般東方庭園的美多屬之，例如小橋流水、歲寒三友等。

將造園材料加以適當組合，具體表現出造園美，因此在造園設計時須遵循美學原理。組合的基本原則有(1)和諧(harmony)，(2)對比(contrast)，(3)均衡(balance)，(4)比例(proportion)，(5)韻律(rhythm)等，設計除上述組合美以外，還要注意整體觀念，如(1)統一(unity)，(2)變化(variety)，(3)個性(individuality)等法則。

(三)經濟性

在造園設計時，如何在費用上、人力上、時間上及空間上，合理運用使其經濟化，儘量能達到盡善盡美的景況。

第四節　造園植物材料

一、植物材料種類

㈠喬木類：具有高大而明顯之主幹之樹木，如羅漢松、龍柏、洋玉蘭、印度橡膠樹、菩提樹、欖仁樹、紫薇、梧桐、楓香及黑板樹等。

㈡灌木類：矮小而無明顯主幹之樹木，如夾竹桃、仙丹花、茉莉花、石榴花、六月雪、番茉莉、錫蘭葉下珠、金露花、珍珠梅及杜鵑等。

㈢草花類：莖部未木質化而矮小之草本植物，如大波斯菊、五彩石竹、百日草、彩葉草、松葉牡丹、百合花、彩葉芋、蕨類、冷水花及網紋草等。

㈣藤蔓類：需攀附他物之植物，如炮仗花、蒜香藤、九重葛、龍吐珠、大鄧伯花、菲律賓石梓、金銀花、紫藤、軟枝黃蟬及使君子等。

㈤地被植物類：鋪設於地面之低矮植物，如百慕達草（狗牙根）、朝鮮草（韓國草）、竹節草、百喜草、苔蘚類、南美蟛蜞菊、鴨跖草、蚌蟆草、法國莧及美女櫻等。

㈥水生植物類：生活在水域中之植物，如菖蒲、傘草、白蝴蝶花、荷花、慈菇、海芋、睡蓮、滿江紅、水萍及布袋蓮等。

二、植物材料應用

植物與植物間之組合方式有單植、叢植及列植等，多應用在不同場合中，表現出組合之美，在造園中常應用方式有下列幾種：

㈠單植優型樹(specimen tree)：凡樹型優良、開花美麗或有紀念性之植物，可以單獨栽植在園中，以表現個體美者(圖 15-1)。一般栽植在草地上、花壇中心、軸線端點、牆角或道路轉角處等重要而明顯之位置，如果有適當背景，更可顯出其特點。可供單植優型樹樹種有：南洋杉、鳳凰木、柳樹、旅人木、松樹、酒瓶椰子、羅漢松及榕樹等。

圖 15-1 單植優型樹

㈡樹叢(grouping of plants)：同種植物之組合，可強調某種植物之特點或掩飾樹型之缺點，例如三株或五株龍柏，使其顯出更加雄壯；叢植若干杜鵑，顯得熱鬧繽紛；叢植數株檳榔，以消除其孤立感等。

㈢行道樹(street trees)：在道路的兩側依等距離列植喬木，其功能有美化道路、道路遮蔭、都市衛生及引導視線等。選擇行道樹應注意其外形美、適應當地風土環境，並以不妨礙交通爲原則。在臺灣地區常用行道樹樹種有椰子類、樟樹、木麻黃、茄冬、桉樹、銀樺、菩提樹、芒果、黑板樹、小葉欖仁、楓樹、白千層及水黃皮等。

㈣綠籬(green hedge)：層列密植灌木使成圍籬狀，具有裝飾美化、區劃分隔及遮擋隱蔽等功能。選用樹葉茂密、美觀、生長強健及耐修剪之常綠性灌木爲佳。在臺灣地區常用綠籬樹種有：月橘、扶桑花、臺灣連翹、臺灣黃楊、變葉木、九重葛、樹杞及竹類等。

㈤境植(flower border)：選有美麗花朶或枝葉之灌木或草花，成群列植於邊沿地區，如在路側、屋基、牆角、池岸、溪旁或草地邊緣設置境植，其功能不但供人欣賞，亦有遮蔽分隔之效果。在臺灣地區常用植物有：杜鵑、扶桑、南美朱槿、茶花、薔薇、變葉木、聖誕紅、夾竹桃、石榴、仙丹花及宿根性草花等。

㈥群植(mass planting)：大面積栽種同種花木，可以加強某種植物的特色，例如喬木成林、灌木成群、草花成海，顯得栽植更豐富也更有份量，適用在廣場上、草地上、路邊、水邊（圖 15-2）及斜坡上

圖 15-2　群植在水邊之垂柳

栽植。

㈦防風林(windbreak)：在冬季季風強烈或夏季常有颱風侵襲之方向，種植大量防風樹，栽植原則上愈密愈好，並具有防砂、防塵及防噪音之效果。防風林樹種選擇，以枝幹堅韌有彈性、根深而適應力強者爲佳。在臺灣地區常用樹種有：木麻黃、竹類、相思樹、桉樹、榕樹、銀合歡及樹杞等。

㈧花壇(flower bed)：在制定範圍內栽植草花或灌木，用以表現圖案、線條及彩色美，花壇之形成可分爲平面型(圖 15-3)與立體型(圖 15-4)兩類，平面型者多用較矮小植物，構成各種平面圖案或花紋，以表現形線之美，如帶狀花壇、毛毯花壇等；立體型者用高矮不同植物所構成，平面欣賞或立體觀看均可，如邊境花壇或籃狀花壇等。

圖 15-3 平面花壇

圖 15-4　立體型花壇

㈨草地(lawn and turf)：裸露的土地常使人感到荒涼與刺目，如果能鋪設草地(圖 15-5)，給人清新與富饒的感覺，又能顯出花壇、假山及道路之美，在生活上亦可以供給納涼、休養、遊玩及運動等衛生遊憩環境，同時亦可減少飛砂及噪音或光的反射，並可避免土壤沖刷和龜裂。草皮採用禾本科植物爲多，廣大草地如運動場、滑草場等適用混生草地，精緻庭園或高爾夫球場等地適用單種草地。

㈩藤蔓(vine)：此類蔓性植物可覆蓋地面或牆壁上，亦可攀附在籬笆、欄杆或花架上，除可供觀賞或遮蔭用外，並有吸音、遮陽、掩飾等功能。應注意選擇生長良好、抗病蟲害及適應性強之種類。常見藤蔓類植物有：牽牛花、蔦蘿、絲瓜、風船葛、金銀花、鄧伯花、蔓薔薇、珍珠花、紫藤、火焰藤、軟枝黃蟬及九重葛等。

圖 15-5 優美草地

第五節 庭園與公園

一、庭園

乃指利用建築物附近之空地，加以有計劃的佈置，置有觀賞植物或一些可供休養及娛樂等設施，以作戶外活動之場所，由於庭園大小面積及使用人需求不同，庭園種類不少，例如住宅庭園、學校校園、工廠庭園、機關庭園、屋頂庭園及陽臺庭園等。

二、公園

乃指能提供公共大眾休閒娛樂、運動及教育的綠化空間場所。民衆能享受自然寧靜的生活，獲得暫時忘卻都市生活緊張與疲勞，其中運動及育樂設施，具有保健及共同休憩功能(圖 15-6)，對於一些不易預料的災害，如火災、地震等的避難場所，公園內保存鄉土名勝及歷史古蹟，可作爲民族教育及啓發愛國思想，因此公園實爲都市生活上不可缺少之重要設施。公園一般分爲都市公園及天然公園兩大類。

圖 15－6　都市公園之保健及休閒場所。

㈠都市公園：在都市中經由規劃設計及人工建造而成公園，通常在基地上多無特殊景觀資源，須以人工設施及增植花木來提高公園之使用功能。應包括都市中綠地、林蔭大道、廣場、鄰里公園、兒童公園、運動公園、路旁公園 (圖 15-7)、休養公園、動物園及植物園等。

圖 15-7　都市內路旁公園